气场

修习术

The Art and Science of Personal Magnetism

[美] 希恩·德玛 Theron Q. Dumont 著

中国青年出版社
CHINA YOUTH PRESS
中青文传媒

图书在版编目(CIP)数据

气场修习术 /（美）希恩・德玛著；程茗荟，冯雪，丁小溪译.
—4版. —北京：中国青年出版社，2016.7
书名原文：The art and science of personal magnetism—How to improve your atmosphere
ISBN 978-7-5153-4417-1
Ⅰ. ①气… Ⅱ. ①希… ②程… ③冯… ④丁… Ⅲ. ①个人—气质—通俗读物
Ⅳ. ①B848.1-49
中国版本图书馆CIP数据核字（2016）第180115号

气场修习术

作　　者：〔美〕希恩・德玛
译　　者：程茗荟　冯　雪　丁小溪
责任编辑：肖　佳
美术编辑：张　建
出　　版：中国青年出版社
发　　行：北京中青文文化传媒有限公司
电　　话：010-65511270/65516873
公司网址：www.cyb.com.cn
购书网址：zqwts.tmall.com
印　　刷：大厂回族自治县益利印刷有限公司
版　　次：2016年7月第4版
印　　次：2022年2月第30次印刷
开　　本：880×1230　1/32
字　　数：60千字
印　　张：5
书　　号：ISBN 978-7-5153-4417-1
定　　价：39.90元

目 录

致读者

很高兴能够向广大希望购买《气场修习术》的学生介绍此书。本书的章节涵盖了过去18年来我在巴黎教授的个人辅导课程精华，包括全班大课和一对一授课的全部内容。

当然，在实际的课堂上，我可以针对个别学生的特殊要求调整教学，但通过印刷品传授的形式则无法达到这种针对性。尽管如此，我觉得我已经将方法的精髓、做法的原则浓缩进本书中，因此任何智商达到平均水平的学生都能够容易地成功掌握、吸收与应用。

多年里，我投入了大量金钱购买了许多教育类书籍，并潜心研究书中与气场和个人魅力有关的每个细节，最终小有所成。这些书都在一定程度上保证你可以创造奇迹。我总是认真地、费力地读，希望参透每个深奥的术语，更希望能找到开启秘密大门的钥匙。

生活就是一个展示接着另一个展示的过程。我们的意识一直在发展，我们的力量也应该增加，一切力量源自内在，能让你更有气场的人只能是你自己。

不要只满足于做一个普普通通的人，也不要满足于做任何人都能做的事，尝试着做一些超越平常人能力的事情，开发你的直觉。你只有给别人留下美好的印象或是影响了周围的人，才会变成一个真正有气场的人。

我要向我在巴黎教授的美国学生L.N.D.先生表达我的感谢，他热心地将我平淡的“英文版指南”初稿改成适合公众阅读的深入浅出的版本。我特别感谢他加入了地道的美国生活化用语，从而再现了我在以法文教授本课程时的谈话式风格。如果不是这位绅士的好心帮助，这本以英文写成的书几乎不可能付印。

我将手放于心口之上，向我新的读者送去最诚挚的问候，真诚祝愿你们成功。

热心的老师

希恩·德玛

于法国巴黎

第 1 章

什么是气场

一个有点奇怪又有点滑稽的事实是，一方面，人们普遍接受气场的存在，但另一方面，人们又说不清楚这种奇妙力量背后的本质。总之，尽管每个人都相信它的存在，但几乎没有人知道气场的真正含义，更不用说如何应用了。

从有文字记载以来，人们就相信，对于某些人来说，有一种个人力量或者影响力存在，这种力量可以使得拥有它的人吸引、影响、支配乃至控制其他人。人类最古老的著作中也记载过一些人拥有这种奇怪、神秘的力量，能够吸引或者影响他人。

虽然纵观人类历史，我们可以看到，各类记载不断地提及这种奇特的个人力量，但是，人们并不了解这种力量。在当今社会，人们对心理与精神学科的研究普遍非常重视，我们发现，尽管有关气场的旧观念得到进一步的加强，但同时人们对这种力量的真正本质或者使用和驾驭这种力量的最佳方法依然缺乏了解。

然而，这种缺乏了解仅限于公众。在不同的时代中，有一些十分超前的个人完全理解并运用了这种强大的力量，这些人具备这种知识，并且将知识传递给他们的学生。

历史上许多伟大的人物就获得了类似的全面知识，并且利用这些知识扩大自身利益。伟人们可能是获得了不知名教师的直接指导，也有可能是他们偶然发现了自身存在的这种力量，然后通过细致的调查与研究，以及不断的实验，加深了他们对这一知识的了解。通过他们留下的著作或言语，我们就能够发现他们中的许多人已经证明了气场的神奇力量。

气场，人人都可以拥有的力量

正确界定“气场”这个词十分困难，普罗大众对其原则的理解又如此有限。字典对于这个问题给不了我们多少帮助，虽然字典中所谓的定义十分模糊，也许最好的定义是：“某些个人在不同程度上施加的强大、独特但很少被人理解的力量，令他人能够被拥有这种力量的人吸引、控制或者支配；某些人对于他们接触的人施加的一种精神影响力。”

我个人对上面这个看起来还不错的定义持反对意见。这个定义的意思是，只有某些个别人拥有气场，这意味着其他的人都不具有这种力量。在我看来，这是一个可悲的、严重的错误。事实上，**每**

一个人都拥有一定程度的气场，每个人都能通过学习与练习加强、提高这一力量。

即使是看起来最“缺少吸引力”的人也拥有一定的“气场”，甚至可能具有相当大的气场，但只是他不了解这种力量的本质，不知道如何加以应用，因此他实际上是排斥了他人而没有吸引他们。事实是，气场就如磁铁一般，既有可能吸引物体，也有可能排斥物体，因为它既有正极也有负极。许多令人讨厌的人实际上展示的是一种强烈的个人气场，但只是以负面的形式传递出来，让我们感觉他将别人拒之千里。因此，问题在于你该如何使用这种力量。

其实，每个人都能产生并传达出不同程度的气场，并影响接触范围内其他人的想法。每个人不仅散发出某种程度的吸引力、影响力，此外，还不断地被他人的气场影响力所包围。总之，你的气场将会或多或少地影响到你接触范围内的其他人。

强气场与弱气场

气场的强度、范围与性质根据个体的不同变化也很大。普通人的个人气场较弱，仅能波及身边很小的范围，而气场强大的人则被一种范围更广的强大力量所包围，尤其是当他们感觉到强烈的情感、感受或欲望之时。这些性格强烈的人常常被认为是领袖人物，其气场能够触及很远的范围，并通常充满强大的磁性，能够给那些进入他们影响范围的人留下深刻的印象。

但即使是气场较弱的人，或者只是在无意识地使用个人气场的人，也能对他们周围的人发挥一定程度的影响力。

一些人能够散发欢呼、明亮以及幸福的气场，能够以一种积极的方式影响那些与他们接触的人；另一些人则以同样的方式被包围在阴郁、悲观和沮丧的气场中，以消极的方式影响着他们附近的人。这些特质过于平凡，以至于无法激起寻常人的兴趣，但我们在这些现象中或许可以找到增强气场的秘诀。

我们总是习惯性地认为，气场仅仅意味着积极、有吸引力的因素，对于我们中一些人而言，很难接受令人排斥的个人气场也是"有磁性的"这种说法。如果我们能够记得，即使是物理金属磁铁在某些情况下也会产生排斥，其斥力与吸力一样强，那么这种情形就不那么令人奇怪了。当然，的确有某些人既不吸引人，也不排斥人，但这并不会影响到通常的规则。

那些较为中性的人的气场常常较弱，性格也较弱，也就是说他们没有强烈的动机、目的或欲望，或者说不具备强烈的个性或性格。每一种心理都被另一种相同强度的心理中和，结果得到一种不冷不热的中性情况。因此，这样的人自然就发挥出一种中性的影响力，具有较弱的中性气场。这些人既不吸引人也不排斥人，他们只是令与他们接触的人“感到无聊”。

改变气场，从决心开始

一些人可能会提出这样的问题，正如我刚刚所说，如果每个人都拥有气场，那么为何还有人不厌其烦地要研究气场的问题呢?

类似的问题（经常有人会问这个问题）令那些拥有相关知识的人哭笑不得，这些问题对于他们而言是如此幼稚。尽管每个人在一定程度上都拥有个人气场，但同样的，大多数人也仅仅拥有较弱的气场，这种力量常常与负面或不良性格有关。

对于那些掌握这一知识的人而言，众所周知的事实是，即使是最弱最消极的人也能发展出他或她自身的气场，从而逐渐获得与那些早早就拥有影响力的个人一样强度或性质的气场。

只要认真学习并按照本书制定的计划练习，一个人就可以完全改变其个人气场，从消极到积极，从不可爱到可爱。此外，任何人只要具备足够的意志、毅力和决心，就能将弱小的气场转变为强大的气场，但后者需要的是决心，不断的练习，以及不屈不挠的意志。

尽管任何人都可以轻易增加他的气场的强度，改变一个人气场的性质甚至更加容易，但最高奖赏还是为那些能够坚持到最后，继续不断练习的人准备的。

这一原则不仅适用于提升气场，也适用于一切值得拥有的事情。对任何值得拥有的东西，达成目的并没有坦途。

我们必须为我们想得到的东西付出努力，奖品不是为弱者准备的，而是属于那些执着认真、能够不断坚持、不获成功不罢休的人。

在这本小书中，我将告诉你提升气场的秘密和诀窍，但只有你自己能够决定你将获得何种程度的成功。师傅领进门，修行在个人，我会教给你最好的工具，告诉你该如何使用这些工具，但你必须自己练习。还是那句话，如果你认真仔细、谨慎小心、坚持不懈地依据指导来做，成功必将属于你。

第 2 章

气场的两极

气场包含了两个因素，它们性质迥异 :（1）精神因素 ;（2）生理因素。一些针对气场这个主题写作的作者常常陷入一个误区，认为气场的全部秘密在于心灵感应现象或是“移情”理论。这些作家如此着迷于气场精神因素的迷人事实，以至于完全忽略了其他的因素——生理因素。

生理因素与精神因素同样重要，希望培养和提升气场的人必须给予这个第二因素和第一因素同样认真的关注与练习。不要忽略这个事实，因为你的成功将取决于两极力量的相互协调。

对于许多人而言，气场还有第二个因素或者说生理的因素似乎听起来很奇怪，因为他们已经习惯了听到教诲说，气场是一种纯粹而彻底的精神现象。但是，随着我们对这本书主题的推进，我希望能够彻底说服你，这第二极的气场确实存在，而且与第一极精神因素同样强大。

人是双重的有机体，既包括精神方面也包括生理方面，而其个人力量也包括两种不同的因素或两极，二者相互协调，产生能量，体现影响。一些人的精神气场更强，另一些人的生理气场更强，但真正具有最大强度的气场的人同时开发了两极的活力，也就是两种不同因素的气场。

气场的心理因素——思维波

气场的心理因素取决于其头脑的力量与能量，这一能力能够创造**思维波**，投射到大脑的界限之外，进入气场之中，甚至在必要时超越他自身气场的范畴。这种精神气场一旦伴随着另一极产生的生理气场，就能强烈地影响到进入这些思维波所及范围的其他人。

如果生理气场不足，那么这些思维波就不具有足够强度来产生显著的效果。我们需要生理气场来赋予精神气场“躯干”，正如需要精神气场来赋予生理气场色彩、性格或“灵魂”一样。这两个因素必须相辅相成，才能获得最佳效果。

过去，向学生讲解有关气场的精神因素曾十分困难，因为整个过程对于他们而言似乎非常古怪。现在来看，有关心灵感应、移情和心灵能量的书籍与教学课程众多，因此寻常人对这个问题也有一定了解，从而可能早已理解了气场中所表现出的思维能量。

因此，现在没有必要首先就向你们完整地介绍心灵感应的知识，然后再引入气场的专题。在这本书中，我先期假定你们对心灵感应和移情有所了解，因此我不再对这一广为人知的话题进行赘述。然而，尽管如此，我认为还是有必要向你介绍一些科学发现。

科学研究已经发现，人类的大脑在思维过程中实际上产生和消耗了脑组织中的一定能量。通过精确的仪器测量可证，这种能量的生发与使用产生了热量，并实际上增加了脑区的温度。在所有正常运转的大脑中，真实地存在着一种如电力或磁石磁力一般的力量，并符合电或磁的普遍规律和规则。

正如电力或磁力一般，这种力量并不局限于它产生的那个点，而是可以向外部扩散。换句话说，**一个人大脑思维的能量能够超越其大脑的限制，在他周围创造一种思想的气场，从而影响其他进入这一能量场的人的大脑。**

研究发现，一些物质元素能够产生放射性活动，比如镭元素，这使得科学开始研究其他物质可能产生的放射性活动。最为令人惊讶的结果是，现今科研结果宣布，任何一种物质都是具有放射性的，也就是说，任何一种物质本身都在不断辐射能量。现在人们也接受了人类大脑具有放射性并能不断散发放射性能量这一事实。人们认为大脑活动的规则与镭是一样的。

气场的生理一极并不来源于身体的血肉与骨骼，那些不过是人类机能运行的粗糙机械的组成部分。相反，生理气场这种机能最神奇的部分被称为神经系统。神经系统的作用与大脑同样神奇，其对于气场具有同样重要的影响。

气场的学习者在看到神经中枢在气场中发挥的巨大作用后，将很快能够接受这一观点。因此，尽管我用“生理”一词来指代神经系统的气场，用“精神”一词指代大脑的气场，我只是想以教学与研究为目的做一个简单的区分而已。然而，最终这二者都是相同系统的组成部分，仅仅是相同来源能量的两极。

气场的生理基础——神经丛

人类的神经系统的确是一套最为复杂的机制。它的主要特点是沿着脊柱或骨干开口的脊髓活动，并直接与颅骨中的大脑物质相连。脊髓神经中延伸出多套对称的神经，以较小的分支向外生长，继而又扩展为更细小的分支，使得身体的每个部分都能与主要神经干直接连接。

除脊髓系统外，其他神经主干延伸入身躯内，通过神经连结与脊髓系统连接。在身体的不同部位能够找到大量的神经物质堆积，有的是乱糟糟的神经节，有的是神经的缠结，这些中枢被称为神经丛，其中主要是腹腔神经丛，位于胃部右后方的腹腔中，对于人的生命起到非常重要的作用。这一神经丛极为重要，以至于直接猛力击打腹部可能致人死亡。

神经系统不仅能够从身体的不同部位向大脑传递信息，也能够传递各部位的运动能量。总之，如果不产生神经冲动的话，身体的任何部位就无法运动。当身体任何部分的神经出现瘫痪，这一部位就无法活动。因此我们可以发现，神经系统是生理能源产生系统的一部分，与大脑的作用同样重要。请永远记住这一点，这是气场的关键秘诀之一。

如果你想到神经能量能够如大脑的能量一般超越身体的界限，你可能就能理解我所谓的气场的第二极或第二因素，即“生理”一极。这一极事实上就是神经系统产生与散发的气场，尤其是通过其神经丛中枢。我想你现在已经对气场的概念略知一二，在下文中我将小心地避免使用科学术语，并且以最简单的形式表述。

第 3 章

精神气场

气场的心理因素，取决于两种心理力量协调的表现，具体表现如下：

（1）保持一定的心理状态，直到精神气场注满某种精神状态的感受；

（2）有意识地将精神电流从大脑中心通过个人意志的行动投射出去。

我现在开始详细描述这两种心理因素的表现。

积极的和消极的气场

你需要明白的事实是，任何个人精神气场的性质都完全取决于他所具备的精神状态的性质。如果你的精神状态积极、充满期待，那么你就会形成一种充满希望、开朗的性格，往往会给那些进入他气场活动范围的人留下深刻的印象并造成影响。同样的，精神气场阴郁、沉闷的人会形成一种令人沮丧的性格，从而也会对与他接触的人留下深刻印象并造成影响。

任何人如果花点时间仔细思考这个问题，回忆一下他与不同人接触的时候留下的印象，就能够很明显地看到以上表述中的事实。他能够回忆起一些人给他留下个性阴郁、效率低下、屡屡失败等印象，而其他人则能够给他留下快乐、友爱、自信与亲善的印象。

一些人的气场使得我们远离他们，不愿意采纳他们的工作建议，而另一些人则会给予我们信心与信任，让我们喜欢与他们交往。一些人给我们留下的印象是阴险、狡诈，我们常常感到几乎无法抑制的憎恶与讨厌，而另一些人给我们留下的印象是——他会是很好的朋友，可以依赖他们的帮助与合作。这是为什么呢？

这并不是由于他们说了什么话。大家都知道，一些奸猾狡诈的人往往非常健谈，言辞花哨；另一些最可靠的人往往少言寡语，不爱说话。最终的原因要比语言更深一层。这是我们遇到所接触的人时形成的“感觉”，而不是能够表述出来的理由。

这种“感觉”是由我们敏感大脑机能感应到的他人气场散发出的思维波所形成的。不仅在他或她个人的身上能够注意到这种波，他们所居住的小区、附近的商店或其他经常光顾的场所也会受到气场散发出的思维波的持续影响。

用积极的心态激发正能量

你有没有注意到一些房屋能够给你带来悲伤或痛苦的感觉，而有一些会给你带来健康、欢欣、幸福与美满之感？即使那些房子被空置了一段时间仍然会有这种感觉。曾经在此居住过的人的气场遗留的这种精神感受如此强烈。

同样的，一些办公室和工作场所也充满了曾经在此工作过的人的气场，踏入这些场所的人都会立即留下深刻的印象。一个人能够通过他的语言或面部表情掩饰自己的想法，但气场的精神感受常常会“出卖他”。

这些事实并不需要进一步的证据，你自己的经验就能足够证明这点，但你需要特别在脑中做下笔记，随着本教程的进行牢记这个事实。许多离开我们的人并没有给我们留下特别的印象，因为他们的精神状态差异较大、变化无常、游移不定，因此其效果相互抵消，并且不能在个人气场中传递一种绝对的思想色彩。

最为强烈的气场是那些充满强烈感情、欲望与情绪的人，这些人通过他们的气场如此强烈地影响到我们，以至于我们必然能注意到这一气场，根本无法将其忽视。

仔细考虑片刻，你就会体会到这些事情是真实的，因此我们必须非常小心，避免不良的精神状态，引发别人的厌恶情绪。与此同时，我们必须努力培养能够令与我们接触的人产生兴趣或者感到友爱的精神状态。事实上，以下章节的很大一部分将用于教你如何培养这样的精神状态，对他人产生正面的能量，这是气场最重要的秘密之一。

如果你创造和携带的气场并不令人愉悦，你也不必绝望。因为这种气场可以得到纠正，你可以彻底改变精神状态的性质，从而将你的气场从最糟变为最佳。这的确需要努力、坚持与耐心，但其回报如此巨大，因此对于任何关注并且投入时间的人而言都是值得的。事实上，其中的原理十分简单，只是需要决心和顽强的意念，才能获得最佳的效果。

用意念为气场注入活力

精神气场，也就是有意识地将大脑中心的精神电流投射出去，其活动的第二个方法是要通过个人的意念行动，也需要努力投入，来创造一种强大的能量场。

第二种形式的精神活动原则包括动用意念，有意识地投射思维电流。这对于刺激个人能量场特别有用，也能够使得人们可以努力对他人的思想施加影响力。

虽然精神状态的性质会为气场带来色彩与性格，当然也会对场内个人产生影响，但通过使用意念，有意识地进行投射，也许会大大增加这类精神感应的效果。精神状态的确能够产生并创造精神能量，但意念能够用力量将这些状态投射出去，常常能够为气场注入活力并加强效果。

这就如同你在大脑中开设了一家出售心理气场的大商店，并且通过你精神状态的性质赋予气场恰当的性质与颜色。这自然将会在你身边创造出一种个人气息或气韵，而他人是能够感受到的。

你通过意念投射和从你脑中放射的精神感受后，想象一下增加的强度与效果。你会立即看到此类意念的行动将激活和增加你精神气息的感受，对吗？这就好像开启了另一种额外的力量，对吗？答案是肯定的，通过本书一下章节教授的方法，你可以随心所欲地获得这种效果。

同样的，你将看到，如果在气场的感受之外我们通过意念的力量，只需一点点的思想，对于他人来说效果会增强多少。你明白了吗？你首先通过加强气场的效果影响他人，然后当他处于适宜的接受条件时，你就可以通过心灵感应的子弹，用巨大的力量一枪击中他的头脑。

乍一看来，这似乎对你来说是非常艰苦的过程，需要拿出巨大的意念力。但是，由于思维电流对于意念力的行动十分敏感，因此情况并非如此，你的主要任务是在完成任务时牢牢把握意念，你思维的电流就会通过某些渠道通畅地流出。这就好像你稳稳拿着一杆步枪，然后让这种力量引领你的子弹；或者就好像握着一根水管一样，你指向哪里，水流就涌向哪里。看！当水龙头被打开时，水将在离开水龙头后笔直地冲向你做记号的位置。

各个时代的强者都通过这种方法运用意念力，从而创造出强大的气场，给那些他们希望影响的人留下强烈的印象。在许多情况下，他们自己并不完全理解这些力量的性质，但是他们知道该“如何做”，即使他们并不知道“为什么”。当你下次与这样强势的个人接触时，可以观察他或她的行为，看看你是否能观察到他是如何使用我刚刚提到的这种精神力量的。

但是，比向他人学习更加重要的是，培养自身这样做的能力，这就是我想教会你做的。如果你全身心地投入这项工作，你也会取得成功。认认真真地学习，你也将成功地培养出这种力量。

第 4 章

神经力：你的生命力

寻找你的气场之源

从生理方面看，气场由两种共同作用的神经力所决定：

（1）神经系统产生并供给的大量神经力；

（2）意念有意识投射并反映到气场上的神经力；这种神经力甚至在某些特殊情况下，会反映到人格的更深层面。

上文所谈到的“神经力”，指的是一种奇特并神秘的能量形式。它控制着我们所有的肢体运动，然而同时，却又不仅仅存在于生理层面。实质上，它类似于电流或者人的气场，我们也同样不可能准确地把它解释清楚。神经力与构成神经系统的物质完全不同，无论是脊髓还是最脆弱的神经纤维，神经系统充其量也就是一个传递神经力的线路和转运系统，或者说是结构复杂的贮藏神经力的储层。

普通的神经作用就像线路和电缆一样：神经力通过它们传导至

全身，使我们可以移动想移动的身体部位，或者是做我们潜意识里想做出的动作。大脑的部分区域是储存神经力的极好场所，它们也是被称为神经丛的神经物质，其中最重要的包括腹腔神经丛和骶神经丛。

一般的生理学教科书都忽略了关于神经力的最本质问题，因为它们的作者也不知道答案是什么。他们从不直接回答问题，而是这样说道："神经力就像电流一样，虽然我们承认它的存在和它的力量，却并不知道其本质是什么。"因此，学生们若想知道神经力的秘密，就不得不求助于过去一些玄之又玄的术士，以及他们现今的追随者。

无论是在古代还是现如今，术士们都承认存在着这样一种强大却微妙的自然力量——大自然的"细微力量"之一。这种力量有着强大的影响和活力；然而，人们却无法分析或准确地定义它。科学无法划分神经力的原因，就是神经力像电流一样，自成一类，并且与任何形式的力量都存在着巨大的不同，所以不能被划归为一类。有时候，科学试图将神经力看作神经物质的分泌物，类似于胆汁是胆囊的分泌物，但这样做无疑是愚蠢的，就好像唯物主义的哲学家试图将精神解释为大脑的分泌物一样。这样的定义只会让智者笑话。

相反，术士们承认神经力自成一类，所以他们并未试图准确地解释或定义神经力。不过，他们探索到了神经力的起源，也为后人留下了关于其用途的宝贵资料。术士们对于神经力有着很多种叫法，比如：生命力、生机、生命之源等等。在东方，波若那（梵语：

生命素）和阿卡沙（梵语：天空）能量说的也是它。无论名字是什么，术士们指的都是同一个东西，即神经力。我之所以用“神经力”这个名字，并不带有某种文化起源，纯粹是因为它是从神经系统中发现的。正如你一会儿将会看到的，神经力确实有着更深刻也更本质的起源。

有生命就有气场

以前，生理学中的唯心学派曾经试图证明神经力像身体中其他物质一样，来自我们所吃的食物，并由食物的化学燃烧能量生成。然而，这种理论并不完全正确。在动植物的一生中，它们所吃的食物令其成长，并构成其体内的神经力。这样看来，新鲜食物中的确有神经力，进食者的生理系统也确实摄取了一定量的神经力。这种功效在食物新鲜时尤其明显。

虽然如此，以这种方式摄取的神经力毕竟只有一小部分，远不足以支撑人体生理机能的正常运转。况且，这少量的神经力并非由食物的化学燃烧生成。这种化学燃烧只能供给人体的热量，绝不会创造出神经力。

神经力的真正来源和电流相同，都是来自太空中充斥着的宇宙性以太。也是像电流一样，这种力量只有在人类需要的时候才会起作用。大气中充满了神经力，神经系统从大气中汲取这种力量，并将其贮藏在储层中。自那时起，神经力便在人们生理或心理需要的时候，通过神经作用在人体上。

但是，你们自然会有这样的疑问："人体是怎样吸收到宇宙中的神经力的呢？他们是通过什么途径进入到人体的呢？"答案其实很简单：神经力通过呼吸环节进入到生物体中，植物、动物、人类都是如此。换句话说，无论是从高低哪种层面来看，生物在呼吸的过程中，从空气中吸收的不只是氧气或其他元素，同时也吸收到了宇宙中的神经力。当我们明白了这一点，就会很容易理解为什么如果生物的呼吸环节受到了干扰，它们就会更快地消亡。理解自然界的这一秘密，对于我们认识生物呼吸的必要性来说，是很重要的。

在我们更深入地探究生物从大气中吸收神经力的过程之前，请你考虑另一个问题。这个问题与气场的生理决定因素相关，那就是——在不受神经系统限制的前提下，神经力在人身上是怎样得到反映的。尤其是研习气场修习的同学，请你们一定要仔细思考这一问题。

记住这样一点：一般的生理学家都坚持相信，神经力发挥作用，不可能超越这种力的载体，也就是神经系统的限制。他们认为，就像导线上的电流不可能在导线外传导一样，神经力也不可能在神经之外传递。但是，即使是在电流传导的问题上，这种说法是事实么？

我相信并不是这样的。最初入门研究电流的人都知道，电流常常会以电火花的形式，从一个传导介质跳跃到另一个传导介质上，然后在新的介质上流动。即使没有跳跃的火花，电流和气场也会通过“电磁感应”，在两介质不相互接触的前提下，对其他物质产生影响。

这种现象是很平常的，难以相信竟然还会有人提出神经力不可能在神经外传递的问题。此外，电流和气场的这一特性对于神经力也是适用的。神经力不仅会越过神经系统中的“障碍物”进行传导，也常常会通过类似“电磁感应”的现象影响其他的神经系统。

增强气场的传导力

不仅发生在气场层面的这一特殊现象是神经力传导的佐证，人类气场中带有治愈能量气场的传递现象，也证明了神经力是可以在日常生活中获取的。

进一步说，每个人的经历都可以证明，一些神经力充沛的人可以向其他人传递这种力量，其他人可以通过与其握手，或者只是单纯地接近他们，便可以获得神经力。这样的人通常向外散发着健康与活力，并对与其有接触的其他人，有积极的治愈和“充电”作用。与此相似，那些不幸缺乏神经力的人，则会在无意识中，四处吸收他人的神经力，甚至在极端情况下，他们会像吸血鬼一样，吸纳周围人的生命力。你们之中有没有人曾经遇到过这样的人？有没有人注意到，他们周围的人在与其相接触一段时间后，会变得多么的情绪低落、身体虚弱？一般人并不需要更多的证据来证明这一现象的存在，因为他们都经历过类似的事情。

有人可能会问，如果神经力是宇宙性以太中固有的，并可以从大气中获取，那么为什么人与人之间体内的神经力会有所差别呢？原因在于，人与人的生活习惯各不相同，就像有的人生来就体格强壮结实，有的人则虚弱无力一样。此外，人们生活习惯的改变，将会不可避免地导致其所吸收并保留下来的神经力发生多少的改变。事实上，我写这本书的目的之一，就是希望能够指导你们怎样生活，才能获得更多的神经力。虽然这本书是帮助你们修习气场的，但是你们也能在修习气场的同时发现，自身的健康情况改善了，也更有活力了。

神经力的多少除了由个人生活习惯所决定，每个人也可以通过适当的锻炼，为神经系统供给能量，用以在很大程度上增强神经力的活跃程度，并使其在需要的时候更好地发挥作用。这样做不仅是为了保证充沛的神经力供给，也是为了保证神经力时刻活跃，以应对日常生活的需求。

第 5 章

生理气场

蓄势待发的能量场

每个人都应该记得，当你在生活中与强势的人接触时，你会有意识地感觉到他们浑身散发着力量。那些人通过自身的气场，强势地压制别人而取得成功，比如传教士、律师、政客、演说家和商人。你能确确实实地感受到他们身上散发出的能量。

你也会觉得，这种能量似乎并不单纯是智力上的优越，相反，这种力量包含的似乎更多是从身体上散发出来的力量。世界上一些伟人身上的这种力量极其强大，似乎他们已经变成了力量的化身。他们是活力的中心，并用这种力量影响着周围与他们相接触的每一个人。

为了区分这种力量与纯粹智力优势和个人能力的区别，你必须看到有另外一种人的存在。他们极富天资，比如优秀的学生、作者以及其他一些已培养出卓越智力水平的人，等等。从一般意义上讲，他们并没有什么气场。这些人不会散发出迫人的力量，而且在他们的身上几乎感受不到生理上的气场。他们似乎是智力能量的中心，但也就仅此而已了。我所指的并不是那些兼备精神能量与生理能量的人，而是那些在精神或智力上特别出众的人。稍微一想，就能举出很多这样的例子——教师、传教士、律师，和那些智力水平被培养得很出色的学生，他们身上都缺少那种特殊的、能打动人的特质。

再仔细地回想一下，你会发现，那些有气场的人身上通常有一种很难说清的特质，我们将其称为力量与活力。他们长得不一定有多么高大强壮，甚至可能身形很小，而且瘦得像竹竿一样，但即使如此，他们也会是精瘦而有力的，就像弹簧一样，有着蓄势待发的能量。有气场的人从来不是那种像水母一样虚弱无力的人。

我见过临终前卧病在床、骨瘦如柴的人，他们已经被病魔折磨得十分虚弱，但是有气场的人，即使在他们人生的最后一刻，给人的感觉也依然带着弹簧一样的潜在能量。还有另外一种有气场的人，他们很健壮，也给人留下强壮有力的印象，仿佛体内储存并散发着能量。你难道没有过这样的经历么？你有没有见过一个具有强大气场的伟大领袖，身上却没有散发出有形的力量？我想是不可能。

现在，请记住这样一点，我的意思并不是说单纯的生理神经力就能形成人的气场。事实上，我的意思恰恰相反。很多拥有生理的神经力，并散发这种力量的人，自身都不怎么算得上有气场。请记住，若想成为一个有气场的人，精神气场和生理气场都是必要条件。虽然这么说，我确实坚持认为，**只有精神气场而没有生理气场，就好像只有灵魂没有躯体一样，气场会缺少承载它的实体，效果也会大打折扣。**

气场是由内而外的自我辐射

术士告诉我们，在一个人的气场中，我们可以感受到他们心灵的振颤，以及生理气场的振颤，或者用我的说法来说，就是他们的神经力。术士们声称，对于那些能够通灵，或者有千里眼的人来说，他们精神力振颤过程的可见范围，甚至可以达到其周身半米到一米的距离。他们周身的气韵形状就像一个圆圈，“气韵”一词也是由此而来的。据说气韵带自中心向外，逐渐变成淡的紫罗兰色，就像苍白的电火花一样。气韵的样子对于每个观察它的人来说，都是令人熟悉的；它会像炉子上方，或是炎热夏天地表的空气一样，不断颤动着。

术士们也声称，当一个强壮的人运用他的意念力的时候，这种神经力会带着他的心理气场，整片或一束束地从他身上投射到周围的人身上。我并不会说我自己也有这样的通灵之力，但我很多能够通灵的朋友都证实了这一说法，这也与过去术士所留下的记录相符。总而言之，虽然普通人用肉眼看不到这种现象，但任何亲身经历过气场散发的人都会相信，神经力或生理气场的确是按照我们刚才所说的方式运作的。

术士们贡献的另一条重要信息就是：读心术、催眠术、精神的力量以及一个人的思维影响另一个人的现象，其原因都与神经力有关。当然，这也是气场的一大主要特征。我通过自己的观察与实验证实了这一点，这也形成了我关于个人气场的理论体系中，最基础的一极。我也提到了所谓的用神经力的传递“激发”思维波。这一点理论与上述理论同时产生。

如何吸收、储存并运用气场

没有神经力辅助的思维波缺乏力量和效果，就像没有生命和活力、冷冰冰的思维能量一样。通过两项日常发生的事，你会更好地理解并掌握这一观点。

举例来说，你听过许许多多充满着丰富思想的布道、演讲，或是那些公认为智力超群的人所背诵的文章，然而，它们听上去却无聊至极，没有生机，一点也不丰富多彩，对么？它甚至不如一些没那么有学术水平的人讲的话，缺少生命、活力和激情，是不是如此？你也注意到了，一些著名的学者个性中缺少一些生气，反而是那些不那么有天赋的人，却浑身散发着生机和力量，也就散发着气场。这就显示出了一般的思维波，与有强烈神经力伴随着的思维波的区别。前者缺少“实体”与生命力，后者却充斥着勃勃生机。仔细地想一想，直到你想明白这一点为止，因为这一点很重要，它包含了两大“气场之谜”中的一个。

一个有着旺盛神经力，而且懂得在有意无意之中，将这种神经力与其思维波相结合的人，说的话、表达出的思想都会充满着活力，并以此影响着他们所接触的人。神经力会像高威力的榴弹一样具有冲击性，以子弹冲向目标的态势，促使思维波带着无比巨大的影响力直击靶心。带有这种神经力的人能在他人心中留下深刻的印象。有的人说的话似乎更具有生命力，他们的行为会深深烙印在人们心中。这样的人有着更活跃的神经力，或者说是有生理气场，并将其与他们的思想波动相结合。他们向会自己的聆听者们放射出这种力量，并使他们为这种力量所倾倒。

人类历史上的伟大领袖们都训练出了自己的神经力，并将其运用自如。当他们说话的时候，其他人就像被施了咒语一样，依照他们的指令做事。凯撒大帝和拿破仑便是这群人中的典范。然而事实上，所有能够改变他人想法、统治他人的人，在神经力这一领域中，都值得我们研究。

可能的话，同学们应当尽可能地去接触这类人，那么，你们就可以亲眼看到，或者说是亲身感觉到那些人身上散发出这种强大的力量。这样一来，同学们就能更好地理解在散播个人影响力、修习气场这一方面，神经力到底扮演着怎样的角色，也就能更坚定培养自身神经力的决心。

有些人似乎能自然而然地吸收并贮存气场中的神经力，且能有效地运用它。这些人很幸运，因为他们不必再辛辛苦苦地培养这种能力。对于那些没有这种天资的人，通过反复的练习和不屈的意志，也能拥有这样的能力。不仅如此，他们甚至可能超过那些有天资的人；因为生来就能够吸收、贮存并运用神经力的人并不理解这种力量从何而来，其本质又是什么，因此可能会将其忽视或滥用。但是对于自己培养出这种能力的人，通常来说，他们充分理解神经力的作用，所以能在需要的时候运用自如，并在神经系统疲惫的时候很快恢复。

知识就是力量，通过学习得到某种能力的人，通常远远比什么都没做、生来就具备这种能力的人，更能有效地运用它。

从下一章节开始，我会以简单直白的方式教会你如何提升、贮存你的神经力，并有意识地将其运用到激活思维波之中。这种过程是自然而然的，并不需要进行任何神秘的仪式或此类活动。它纯粹建立在生理原理上，并与自然法则完全一致。一旦你习得了这门艺术，懂得如何吸收和贮存神经力，你将会恍然醒悟，你以前竟然从来没有过这样做的念头，而事实上，你早该如此了。

当你获得了这种力量，你就会意识到你处在一团巨大能量的中心，也会意识到你的这种能量正在影响周围的人。我所说的不只是气场的问题，还有影响能量振颤的问题。你会看到，其他人会惊讶地发现，他们能从与你的握手、接触中，感受到什么。虽然他们并不会明白这种东西是什么，但是会感觉到有种奇怪的感觉蔓延在他们体内。

你最好保守这个关于修习气场的秘密，什么也不要对别人说，同时，无论做什么事的时候，都不要让别人察觉你与他们的不同。你希望让人从你身上感受到自信，而不是让别人害怕你，而通常陌生又神秘的东西会让他人恐惧。所以，请保守这个秘密。

第 6 章

高气场呼吸法

你现在明白了，气场的生理状态有两种协调的表现形式，其中之一就是在神经系统内产生动力，下面请看详细过程。

“产生”这个词，从这个意义层面来说，只能粗略表现出神经系统内产生动力的过程。因为这一过程包含“吸收”和“散发”，而非只有“产生”，但由于后者能描摹得更为简略，所以再三思考后决定用这个词，况且早在我还没记事开始，资深的恐怖小说家已经使用这个词了。

动力的产生过程可分为两大协调的过程：第一，通过特殊的呼吸方式，从大气层中吸收盈余的动力；第二，将吸收的动力分散至神经系统的中心，然后储存。接下来我将按顺序分别介绍这两大过程。

东方哲学中蕴藏的气场秘密

动力产生过程的第一阶段包括从大气层中吸收盈余的动力，这得靠特殊的呼吸方式。实际上，在日常呼吸中，我们每个人无时无刻不从大气层中吸收动力。这动力或多或少，主要取决于个人不同的呼吸习惯。

你会发现强健、充满活力的人总是习惯于深而有规律的呼吸，而那些孱弱的人习惯部分且紊乱的呼吸。充足而有规律的呼吸习惯对于强健的体魄至关重要，但这个话题不会就此展开，我们的重点是教授这一过程。我只是抛出一个引子，聪明的你一定会从中受益。

传统的东方心理学强调通过复杂的呼吸方式运转人体内的“精”和“气”，亲爱的读者，虽然本书不会具体教授这微妙而神秘的东方心理学，但我们必须知道，我教授的动力产生课程与传统的东方气功均有完善的科学理论依据。

古老的东方哲学指出，人的每一个精神和生理状态均通过呼吸节奏的不同而展现，呼吸节奏和人体状态是紧密相连的，而且后者从属于前者；反过来，有意地调整呼吸节奏将会塑造良好的身心状态。

请停下好好思考这个问题，你会发现惊慌生气和平和冷静时，你的呼吸节奏是不同的。每一种情绪的波动起伏都同时对应着某一呼吸节奏，而且生理的不同状态也表现为不同的呼吸节奏。好好端详你自己和身边的人，你便会发现上述理论是多么正确，自己以前怎么没察觉到这个现象呢?

现在如果我们真诚地进行几分钟害怕的呼吸以及愤怒的呼吸，你会马上感受到一种害怕或愤怒的情绪，就像真实的情况一样。同理，你会发现通过有意地调整呼吸节奏，平静，安和，自我控制，这种平和的情绪马上就会产生。

这句话暗藏着巨大玄机呢！对了，东方圣人们以自如调整平和的精神状态流芳千古，正是靠这一方法。从这个意义来说，你需要注意的是：在极端的挑衅下，若你极力想控制自己的情绪，保持平和的心态，你应当尽力控制自己的呼吸节奏。这意味着你正逐步摆脱心跳剧烈的状态，而且一旦你能保持平稳有节奏的呼吸，你将能控制自己的情绪。

帮助恢复元气的呼吸法则

好了，长话短说，让我们直接进入到通过调整呼吸节奏，吸收动力的主题。第一，大自然通过一种特定的呼吸节奏储存动力，以应对消耗系统在脑力情绪的损耗，以及体力的过度损耗对动力的需求。照这一理论，有意地调整成这一呼吸节奏，将为你的气场提供源源不断的动力，助你形成一个强大的气场。你体会到这点了吗?如果没有，那么请再多读几遍以上段落，直到你能完全理解其中蕴藏的玄秘。

接下来你肯定会问：“大自然用来帮助我们恢复元气的这一呼吸节奏到底是什么？哪一部分是用来帮助复原的？哪一部分与这一绝妙的结果相关？”很好，回答这一问题，让我再来问你：“在经历过度的情绪、心理和生理损耗后，复原过程中，当心跳逐渐恢复平息，你是如何调整自己的呼吸的？”仔细考虑后，你可能会说你通常是通过一两次长长的吐气和相当长的平和、缓慢的深呼吸逐渐恢复的。

你可能没有注意到，正是这些持续、平缓、有规律的呼吸调整了你的呼吸节奏，就像大钟表下缓慢晃动的钟摆和伴随着的“嘀嗒”声。你会发现这一缓慢而有规律的呼吸节奏将会保持一小段时间，直到你又重新感到活力和充沛，而后又逐步回复到日常的呼吸节奏，同时这一复元过程也就完成。

同学们，请重新再读一下之前的段落，再思考这一理论。请仔细思考，在脑海中反复回想，直到你能完全掌握这一理论的要点，并且形成自己的见解。因为这寥寥数行中蕴涵着一大真理，如果充分把握和运用，将助你形成强大的气场。如果你还没有完全领悟先前的要点，请不要继续下面的段落。

不要臆想你能立即拥有这超能力，我能做的也不过是提醒你首先把握自身呼吸的节奏。我不可能像大多数老师教的那样，告诉你“多多呼吸，先尽量屏住呼吸，然后尽可能将气吐出”。在这点上，他们可能教得比我好，但由于每个人心理和生理状态与特征各异，要调整的这一呼吸节奏也不同。

高气场呼吸练习

下面就是具体而且唯一的法则了：第一，自然赋予了你在极度情绪、脑力和体力损耗后身体复原的呼吸节奏，要了然于胸；第二，主动想象在这一呼吸节奏下的身心状态，将这一节奏引入脑海，如此当你想再次恢复这种身心状态便轻而易举了。反复研读这条规则直到你完全吃透。

刚开始你可能会发现，要达到这种呼吸节奏下的状态很难，除非是天赋异禀或者受过良好训练。但请记住，世间所有事都是熟能生巧，别放弃，直到你完全掌握这一技巧为止。想象自己经受了身心的疲乏，然后调整呼吸节奏。伴随着一定的呼吸节奏，你会感觉自己仿佛经历着身心的复原。如果持之以恒，每个学员都能通过自己独特的方式达到这一效果。

你会发现，复原过程中的呼吸节奏起初表现为长长的叹息，以及短暂的休息，随后则是在完美的呼吸节奏下缓慢、清闲且深深地吸气，吐气，同时你会感到身心力量的增强。最愉悦的莫过于从这种呼吸节奏中体验释放、活力，重获新生。

若你为了休息、健体或增加体内动力储存练习呼吸节奏，不要像常人那样掉入“特意的节奏呼吸”的陷阱。也就是说，不要计算每次呼吸的时长，不要刻意延长某次呼吸过程或使每次呼吸时长相等，也不要在特殊场合抑制呼吸节奏，更不要计算每次呼吸过程的间隔时间，诸如此类。

扔掉这些人为设定的标准，全身心地享受身心舒缓和逐渐恢复的平和，这是自然女神赐予你的，只要你创造让其力量充分发挥的条件。不要人为画蛇添足，顺其自然，万物自会在其轨道运转。

为了增强气场，吸收动力，大可不必纠结于一天至少要练习多少次呼吸练习，现在唯一要做的就是学会如何灵活调整呼吸节奏，直到你能自然、毫不费力地把握这一节奏。这步若无法掌握，你也无须着急下一阶段。

现在，概括这一步骤：不要过度——逐步掌握。不要急躁，这将伴随着你身心的发展。让大自然循序渐进，别犯揠苗助长的错误。身心会逐步成长的，别害怕。随着活力的逐渐增加与旺盛，你会清楚自己走在正确的道路上，知晓自身所处的阶段。

最后，请牢记，这整个过程的奥妙在于，自然在身体极度需求情况下，如何使身心复原，以及如何自如地获取这一资源。这就像自然之母给你一瓶仙丹，以备不时之需，只要你想，还能每日享用这仙药，增强精力远比普通人还多。这一对比并非夸张，因为你着实找到了增强活力的灵丹妙药，当然了，这秘诀在于你得正确使用。

第 7 章

身体气场

神经力分配训练

你已经在上一章学习了神经力的第一部分内容，即如何通过有节奏的呼吸来吸收神经力。下面，我将介绍神经力的第二阶段，即如何将吸收的神经力分配到神经系统中，尤其是神经力的巨大储藏库中。

分配神经力是在吸取神经力之后进行的，这两个阶段相结合便能够让人完整地恢复自身力量。我们的身体可以为神经系统提供全新的神经力，以补充处于超负荷的精神、情感或身体压力之下的神经系统，并将吸收的神经力分配到身体各个部位。分配过程便是在身体的每个部位巩固神经力，让身体充满活力并且感到兴奋，同时，也在巨大的神经系统中储存新的能量，以备未来不时之需。

你可能会问："我们的身体是如何分配它所吸收的神经力的呢？

也就是说，我们应该如何将我们吸收的神经力或身体气场进行分配呢？”要解决上述问题，就要好好地探究我们的身体。下面我们便开始寻找问题的答案。

舒展，身体气场的发动机

在研究我们的身体如何分配身体气场时，我们可以发现，在精神、情感或是身体出现疲劳之后，人们本能地会深深地长叹，伴随着有节奏的呼吸，并随后“伸展”肌肉。

我们不仅会在劳累时做出这些动作，我们通常在清晨醒来后也会打哈欠，随后舒展四肢。当人们在学习中消耗了所有的神经力之后，也同样会做出这些动作。事实上，当人们集中注意力做完任何事情后，往往都会打哈欠，深深地换气，有规律地呼吸，并最终舒展肌肉。

请不要认为这件事无关紧要，因为舒展肌肉是身体最重要的一项技能，是身体最乐于接受的一种能够将神经系统中的神经力分配到身体各个部位的方式。

这是身体自身在向需要得到神经力补充的部位传递新的能量。进一步说，如果我们重视身体的这一特征，并且能够在塑造身体气场时将其加以利用，那么我们就可以获得关于身体的重要秘密，一旦我们运用了这些秘密并将其付诸练习，我们就会再也离不开它们。

首先，“舒展”绝不是懒惰、疲劳或倦怠的表现。它是一种本能行为，表示身体已经意识到自己需要新的神经力，请不要错误地理解这种因果关系。

你会发现，一个完整的“舒展”包括两个动作。第一个是伸展，第二个是拉紧或收缩肌肉，将伸展的四肢或身体部位向内收缩。身体的这种彼此趋势相反的肌肉动作似乎是为了“排除”肌肉中的某些物质。这些物质指的是什么？就是那些陈旧和衰弱的神经力。而身体这样做的目的又是什么呢？就是为了能够让那些新鲜、充满活力和强劲的神经力或身体气场迅速占领我们的身体。

当我们出现大脑疲劳、神经疲劳或肌肉疲劳时，我们的身体同样会出现伸展和收缩现象，因为让脑细胞、神经以及肌肉保持活力的能量同样也来自于此。

此外，巨大的神经力储藏库——即神经系统，将其产生的新的神经力注入肌肉和细胞之中，此举或多或少将耗去神经系统的一些能量，这使得神经系统要从大自然中获取新鲜和足量的能量供应。

简言之，舒展动作能够让我们的身体对拥有的神经力进行分配，并且给整个身体的神经机能带来新的动力。

这就是气场大师们的秘密，也就是他们如何能够随心所欲地将新鲜的身体气场或神经力分配到身体系统的各个部分，从而让自己真正成为一台身体气场的发动机——如果他愿意的话。

但是这种方法不仅仅包括一般意义上的“舒展”。通常情况下，舒展仅仅是神经力分配的一种初级形式，你需要关注的是更高级的方法。你也许听说过，健美操中有一个环节叫作伸缩运动，伸缩运动的目标是训练肌肉——这是它唯一的作用。

伸缩训练可以为身体带来最佳效果，极大地锻炼肌肉，让身体系统受益。原因何在？一些健美运动员会说“这是因为我们一直在运动”，但我们对此有更多的领会。在我们通过进行合理训练来获益的同时，我们还了解了这种训练如何能够通过分配神经力，从而让我们整个身体系统焕发活力，并最终从大自然中吸收全新的神经力注入我们的神经系统中心。

与健美操中的伸缩运动相比，我们的伸展运动有3种显而易见的优势。

（1）我们通过调整呼吸规律来进行伸缩运动，从而为神经力的储藏库提供全新的身体气场或神经力；

（2）与健美操中的激烈的伸缩运动相比，我们可以很轻松甚至是“懒散地”进行运动；

（3）我们了解伸缩运动的真正目的，因此可以运用我们的智慧来进行锻炼，而非漫无目的地训练。

调整呼吸节奏当然能够为神经力的分配提供全新的动力。事实上，如果没有前者，后者是无法实现的。

大多数伸缩运动练习者几乎完全忽视了上述问题，当然，在他们因激烈运动而变得极端疲劳的时候，也会被迫调整呼吸节奏，从而无意间获得一些规律性呼吸带来的好处。这些练习者一旦掌握了规律性呼吸的主要内容，就可以得到一些曾经连想都不敢想的巨大收获，他将从中得到很多启发。

个人气场修习者在进行神经力分配训练时使用的方法与进行伸缩运动的人使用的方法完全不同。后者认为他们的肌肉能够在这种高强度的练习中得到充分锻炼，但最终只是让自己变得筋疲力尽。最终，许多人在训练中得到了一些收获，但同时也感到异常劳累，而我的学生完全无需进行如此高强度的运动。他们只需要缓慢、镇定甚至是“懒洋洋”地训练，交替进行伸展和收缩动作。他们面对的永远都是身体自身的“舒展”机能。

最终，他们无需把自己搞得筋疲力尽，或是大量耗尽神经力或细胞组织。相反，他们的身体会不断吸收能量，并且从神经中心向身体各个部位传输神经力，最终极大地提升活力。只有在你亲自按照我的要求进行试验的时候，才可能全部理解我提到的这种差异。

让自己获取更多能量

最后，如果你能够完成所有形式的练习，并且在知道“为什么”的同时也知道“怎么做”，不仅掌握理论，也能够进行练习，那么你所收获的成果自然就会多得多。在一个人了解自我并且知道自己想要获得什么的时候，他就已经获得了胜利的一半。如果对这些缺乏了解，那么他就会浪费自己的精力和努力，去做许多本来不需要做的事情，同时对许多应该做的事情置之不理。同其他许多事情一样，我们在这件事中也可以看到这个真理——“知识就是力量”。

我感到有些好笑，但也有些难过，因为这些“伸缩运动”练习者在高强度的训练中耗尽能量。然而，与那些在调整好呼吸节奏的同时“懒洋洋地”进行舒展训练的气场修习者相比，这些高强度训练者的收获却不过是后者的十分之一。

第 8 章

随处可做的身体练习

现在，依据前面章节中列出的理论，我要教给你一些如何创造神经力或身体气场的方法。

吸收神经力

本章中的练习能教会你如何自如地分配神经力或身体气场，但你首先需要了解，分配神经力的前提是要先去吸收这种能量。吸收神经力的方法当然是调整呼吸节奏，我在前面已经介绍了这一点。

下面这一点很重要。请记住，在每次进行分配神经力的练习之前，都要先花费一些时间进行呼吸调整练习。在这些训练中不时加入一些呼吸练习有益无害，你很快就会了解这样做的原因。

在你已经熟悉并可以轻松进行分配神经力的练习之后，你会发现自己在做呼吸练习时对吸入神经力这个环节变得非常敏感，当你在练习中需要吸收更多神经力的时候，就会感受到这一点。

在这里，我想再次提醒你，在本书中所有关于气场的练习中，你都只需做到“自然而然”而非“刻意造作”。我并没有告诉你一套约定俗成的呼吸方法并要求你一分钟内进行多次练习。我只是教给你一些基本的原则——包括“为什么”以及“怎么做”，你可以完全依据自己的本能来控制训练的时间和频率。

在进行短期训练后，你将自然而然地养成习惯，就像你养成饮食习惯一样，你还可以完全知晓何时应该进行神经力训练以及要进行多长时间。

记住“自然而然”一词，这样你就不会做错。永远不要进行过多的训练，或是在你不想这样做的时候强迫自己进行训练，避免在训练中让自己进行任何刻意的改变。

有时候，你可能有很长时间没有练习，或是感到这段时间练习得过于频繁了——在这两种情况下，你都要依据身体的本能来进行判断。有时候你可能觉得自己每次只需要进行短时间的练习，就好像抿一口水的时间，或是觉得应该进行比较长时间的训练，就好像在极其口渴的时候不停地饮水。在这两种情况下，你同样也是依据本能来做出判断。

舒展练习

舒展练习

我将在下面罗列一些舒展练习，这些练习非常有用。我提供了一些基本的形式，你可以在这些基本形式上进行扩展，对它们进行合并和调整。

（1）仰卧，将你的手臂举过头顶，尽最大的可能向外伸展你的手臂，然后缓缓地收回手臂，重复这个动作几次。

（2）向两侧伸展并收回你的手臂，重复这个动作几次。

（3）伸展并收缩你的腿，重复几次。

（4）伸展脖颈数次。

（5）伸展手和手指，上下移动你的手掌，攥紧拳头并放松，重复动作数次。

（6）伸展足部和脚趾，方法同上。

（7）翻过身，脸和腹部朝下，重复上述6个动作。此法会锻炼一些刚才并未得到锻炼的肌肉。

（8）站起来，两腿保持一定间距，足部间分开几尺，手臂向上向外伸展，将你的身体变成一个X的形状。然后用脚趾站立，向上伸展，努力向天花板方向触碰。重复这个动作数次。

随后，你会惊讶地发现自己重获力量，并得到了很好的放松。这便是舒展训练带给你的良好效果。尽管这些练习很简单，但却很有效果。你需要意识到这个事实，那就是在你伸展和收缩四肢的时候，你确实是在“排出”那些陈旧的、疲惫的和已经耗尽的气场，并从神经系统中吸收一些新鲜的、充满活力的气场。

海绵练习法

想象自己是一块海绵，若要吸收充足的淡水，就必须首先将海绵中的剩水完全排除干净。吸收和分配神经力的过程与海绵排水和补水的过程大同小异。

下面这些“伸缩练习”事实上便是舒展练习的延伸，只是比后者更加复杂一些，但两者体现的原则是一致的。这些伸缩练习有利于让身体的一些部位——也就是在舒展练习中并没有得到很好锻炼的部位重获力量。

肩膀和胸部

站直，两脚并拢，手臂下垂。向前移动你的肩膀，越远越好，然后缓缓复原，再向后移动肩膀，越远越好。这可以让你的肩膀和胸部恢复活力。

你还可以通过深呼吸来为胸腔注入能量，深呼吸将向你的肺部注入空气，因而可以扩张你的胸部。也可以通过向上“耸肩”来活动你的肩膀，随后缓缓地放低肩膀，恢复原位。

手臂、手腕和手掌

任何伸展和收缩手臂肌肉的简单练习都可以让你的手臂获得力量。单方向转动你的手臂，随后反方向进行相同动作。转动手腕，让手掌前后左右移动，这样可以活动这个部位的每一块肌肉。攥紧拳头并放松，活动你的手掌和手指。向外伸展你的手指，形成一个扇形，然后收回手指，这有利于你彻底活动手指肌肉。

腿部、足部和脚趾

同手臂、手掌的练习要求大体一致。“下蹲”有利于活动大腿。将脚趾向上翘起并回复原位，有利于锻炼小腿肌肉。“原地不动模拟跑步姿势”，可以锻炼腿部。

颈部

将颈部尽可能向前伸，然后收回，尽可能向后仰，然后向两侧移动，伸得越远越好。向右转，向左转，尽可能将头部向远处伸展。这些动作可以很好地活动颈部肌肉。颈部有一些重要神经可以得到锻炼。

扭转和弯曲练习

扭转和弯曲

扭转身体一些不同部位有利于更好地活动这些地方，同理，“弯曲”练习也对身体有益。

不仅腿部和手臂可以轻松扭转，你也可以扭转你的整个身体——站直，两脚间距17到20厘米，脚趾张开，手臂随意垂在身体两侧，然后将身体向右转，颈部、上身和大腿都尽可能向最远处伸展，然后全部向左转，重复这个动作数次。向右弯曲身体，然后向左、向前、向后。

若将上述练习详细罗列，已经足够写一本书了。在这里我已经将练习的主要规则全部告诉给你，你可以自己进行扩充。

事实上，上述练习主要可以归结为三个词：伸展、扭动和弯曲。记住这三个词，如果你能够将这三种动作运用到身体的每个部分，就可以任意掌握一整套拉伸动作系统。

你还要记住，在所有上述训练中，永远要伴随着调整呼吸节奏的训练。现在，你就可以试一试，依据“伸展、扭动和弯曲”的原则，运用你的创造力来做出不同的调整和组合。这可以同时锻炼你的头脑和身体。

神经丛练习法

为你的腹腔神经丛注入能量。腹腔神经丛位于腹部之中，你可以通过“收缩”腹部肌肉来进行锻炼。这个动作开始可能有点困难，但通过练习便可以慢慢掌握。将你的腹部肌肉“向内和向外”移动数次。

锻炼你的骶神经丛。骶神经丛是另一个重要的神经丛，或是神经力的一个重要聚集点。它位于脊柱的下半部，大体在臀部一带。对该部位进行拉伸、弯曲和扭动，可以有效地活动这里的肌肉。

在精神萎靡、力量匮乏的情况下，对上述两个神经丛所在部位进行训练对身体非常有益，因为这两个神经丛对许多身体部位和重要器官构成影响。

第 9 章

气场投射术

意念的强大力量

在所有精神力量中，意念是最强大的，同时也是人们了解最少的，就连给它下定义都很困难。为方便理解，我们知道以下内容就足够了：意念是人们行动所必需的精神力量。凭借意念，人不仅能处理生活琐事，还能成就一些了不起的大事，前提是学会运用这种力量。

古代术士完全清楚意念的强大能量，他们的教诲留下了一些极有价值的信息。其中一项教诲是，凭借意念，人不仅可以从脑海中发出思维波，还可以用同样的方法有意识地投射生理气场。

当今这一领域最有成就的研究者已经证实了术士们的古老教诲，因此，我在这里所传授的知识不仅是建立在现代科学前沿发现的基础上，也是建立在古代术士的古老教诲基础上。真理不为某一时代所独有，它是世世代代的财富。

普通人多多少少都在不经意间向气场投射自己的神经力，就像走路或呼吸那样顺理成章。他已经自然而然形成了这种习惯，根本不需要动脑子。实际上，他通常根本就没有察觉这个过程。一个人投射或是散发的生理气场的强度完全取决于神经力的强度，而与任何特殊的投射力量无关。

但是，还有第二类人。这类人虽然并不完全清楚自己有能力投射生理气场，但是他们惯用意念来给别人留下印象，这个过程虽然是无意识的，却是强有力的。他们会把神经力指向外部，这样他们的气息中就充满神经力，而接触到这一气息的人自然会感到他们的影响力。

各行各业中很多积极活跃和有掌控力的人都属于这一类，他们指挥别人而不是受人指挥，他们下达命令而不是接受命令。这些人散发的生理气场通常足以令周遭的人感受到，周遭的人也通常把他们视为“强者”。然而，就连这些人也没有最大限度地施展生理气场。

接下来是第三类人。这些人多多少少知道生理气场可以投射到大脑或身体以外，而且起码略懂通过意念投射气场之道。这些人中段位最低的对气场投射术仅仅略知一二，段位最高的或许可以称其为气场投射术“大师”。这一类人的能量很容易被人感知和认可，他们会给接触到的所有人留下印象。

信念的强弱决定气场的结果

从某种程度上讲，借助意念投射生理气场是一个非常简单的过程，由以下两阶段构成：（1）相信或是认识到自己有能力投射神经力；（2）调动意念去投射神经力，或是命令意念去投射神经力。

这种说法乍一听可能有点奇怪，投射神经力与是否“相信”有什么关系呢？但是稍加考虑，就能明白心理学的这个一般规律。是这样的：意念从来不会朝着理智认为不可能的方向努力。你绝不会去伸手够月亮，因为你的理智拒绝相信你能做到这一点，但是孩子认为这是可能的，所以他会运用意念把手朝月亮的方向移动。如果说意念是一辆车，不相信就等于是刹车，你明白了么？

但是你或许会说，就算孩子相信，他也不能真的够到月亮。当然不能，但是这种相信能让他运用意念去伸手。信仰未必会带来成果，但是它能移除怀疑的障碍，这一障碍排除了通过意念取得任何成果的可能性。有许多事情，如果我们相信，就真的可以做到，但是，怀疑就像是意念的刹车和障碍，认识到自己的力量通常就等于成功了一半。

摆在我们面前的是，你只需要足够相信，并且去尝试。尝试后你就能看到结果，每一次尝试都会让下一次尝试变得更容易。最终，你将渐渐彻底认识到意念的力量，后面的事情就容易了。

不断练习直至像呼吸一样自然

至于第二个阶段，也就是调动意念或命令意念去投射神经力，你怎样才能“调动”或“命令”生理气场移入你的个人气场，并且使它充满活力呢？你会问，生理气场会听我的话吗？答案是，当然会。这和你凭借本能调动或命令自己把手举起来是同样道理。

是什么力量让手举起来的？它肯定不能自己举起来，肌肉中也不存在任何这样的力量。只有当你真正用意念驱使它移动时，它才会移动。正是意念的驱使让一股神经力流过神经，流进肌肉，然后手就举起来了。听上去很容易，对吧？其实这是世界上最美妙的事情之一，只不过我们太习以为常，才会彻底忽视它的美妙之处。

意念指挥生理气场的原理和意念指挥手的原理相同。现在，有一点你要牢记，不是光对手说“举起来”就可以。用自己的手试验一下——对它说“举起来”，但是并不用意念驱使它举起来。结果什么都不会发生，只有在下指令的同时运用神秘的意念，手才会真的举起来。

我没法告诉你如何用意念驱使手移动，我只能说，你必须靠意念驱使它举起来，你会准确理解我的意思，然后，用意念驱使生理气场流出来，流进个人气息，就和你驱使自己举手一样，它会发生的。

但是你可能会说，因为你能看见手移动，所以知道手听从了你的指令，但是你不能看见生理气场的流动。这是肯定的，但是你能感受到气场的流动，从而肯定它在流动。

你很快就能相当明显地感觉到生理气场的流动，你能肯定自己在散发能量，就像你能在一个暖和的日子里肯定自己在散发热量一样。这件事没法解释，但是经历过的人能立刻明白。

你亲自试一下，很快就能感到神经力从体内散发出来，流入你的气场，流向周遭几英尺开外的地方。你能感受到自己的气场对身边人的影响。你能感到他们对这种强大影响力的反应。他们会在无意间让你知道他们感受到了你的存在，并且承认你的强大力量。

你的一些老熟人和同事会现出迷惑不解的表情，他们会隐隐感到你有点儿不一样，但又解释不清。你要注意，不要告诉他们这是怎么回事，因为他们会说一些不中听的话，对你进行批评，还会出于自我保护开始提防你，甚至指责你。

你还会感受到自己的气场能治愈身边的体弱多病者，使他们的身体更强健。这些人会觉得和你在一起让他们变强大了，因此变得离不开你。他们想依赖你，靠你的气息为生，想阻止他们这么做可能不太容易，但是，只要你学会运用精神力量，也就是精神气场，那你就能在必要时摆脱他们。

同时，你还能对这些人运用有效的气场疗法，有意识地把气场输送给他们，要么是通过意念输送，要么是通过双手。你的气场会通过双手源源不断地发散，能给衰弱的人以力量，解除他们的痛苦。有过一些经验以后，你就能成为一名“气场理疗师”，如果你有志于此的话。

你会发现，握手以后会发生奇异的事，和你握手的人会深深感到你身上有某种奇异和强大的力量，你的气场会传导给他们，流经他们的身体，有时这个过程相当明显，但更多的时候是自然而然的。

一旦你通过反复试验掌握了气场投射之道，就能仅凭意念向很远的地方稳定地投射气场。

我在这里不会介绍如何把生理气场与精神气场结合起来，因为我会在后面的章节中介绍，但是，不要等到看完后面的内容再练习，现在就开始演练生理气场，这样一来，等到后面学到有关精神气场的更高深的内容时，你就能熟练运用生理气息了。在攀登阶梯时，每一步都要踏稳，这样就不会打滑。你明白了么？

第 10 章

气场：你的心灵感应场

精神辐射现象

让我们暂时放下生理气场阶段，开始考虑另一个阶段，也就是精神气场。首先，我们来概览一下当今最前沿科学关于精神辐射现象的报告。当然如果你不喜欢太多科学理论的话，也可以直接跳过这一章。

在学习展现思想力之前，你最好彻底相信这一现象是真的，这不仅将使你保持坚定和诚实，还将帮你打消对这种力量的任何怀疑。这种怀疑会妨碍意念，就像我们在上一章所讲的那样。

让我们听听世界上最伟大的科学家之一奥霍罗维奇教授是怎么写的。他曾经在巴黎展示应用心理学和心灵摄影术，引起巨大轰动。奥霍罗维奇教授写道：

每个生物都是一个动态中心。

动态中心总是不断地向外传播自身特有的运动，这些运动会根据传播的介质不同发生改变。运动似乎总是向四周传播。

因此，当我们看到任何现象——机械现象、电现象、神经现象或心灵感应现象突然消失时，那么肯定发生了以下两件事中的一件：要么传播开来，要么转变为他物。第一件事是如何结束的？第二件事又是如何开始的？

在同样的介质中，会发生传播，在不同的介质中，也会发生传播。让一股电流通过一根粗电线，除电流流过外，没有感觉到其他力量，但是，把粗电线截下一段，换成一段细电线，细电线就会发热，电流的一部分转变为了热能。

把电流强度调到非常强，再换上导电性更差的电线，或是一根极细的碳棒，就会看到碳棒发光。

一部分电流转变成了热和光，光亮会向所有方向发散，首先是看得见的光，然后是看不见的热和电流。在它边上放一块磁铁，如果这块磁铁很轻、可以移动，比如说是一枚磁针，那么光束就能让磁针的指向发生偏移；如果这块磁铁很沉，不能移动，那么磁铁就能让光束的方向发生偏移。

所有这一切都是在相隔一段距离、没有接触、没有特殊导体的情况下发生的。

人的头脑中同时发生着化学反应、生理反应和心灵感应，它们共同通过大脑灰质传播，就像水波一样。从生理学角度讲，一个想法就是一次振动，这种振动在一种介质中传播，却不会传播到这种介质以外。只要不受其他振动干扰，它就能传播很远很远。如果这种想法带有感情色彩，它就能更广泛地传播，但除非发生转变，否则它不能传播到人体外。

不过，就像其他力量一样，它不会一直与外界隔绝，它会乔装打扮一番后逃走。

思想会留在人体内，就像化学反应会在电池内发生一样，思想会表现为一种动态关联。对于电池来说，这种动态关联叫作电流，对于大脑来说，我不知道它该叫什么，但是不管叫什么，它是思想的动态关联。我选择使用“动态关联”这个字眼，但是不仅仅局限于动态关联。宇宙既不是僵死的，也不是空虚的。

一股力量在传播过程中会遇到其他力量，如果它是逐步转变的，那么它会改变其他力量，而自身只改变一点点，因此它的改变并不明显。持续、集中和得到介质大力支持的力量尤为如此，生理平衡、神经力、心灵感应力、思想、情感以及个人倾向都是如此。这些力量会改变周遭力量，它们自己却不会消失。它们发生了无法察觉的改变，如果身边人的特质对这些力量的适应能力特别强，那么彼此间就会产生感应。

贝恩教授曾说过：“神经组织的结构以及对神经和神经中枢进行的试验都毫无疑问地证明，大脑运用的力量有某些特性。这种力量从本质上讲是一种流，也就是说，在一部分脑组织中产生的力量会沿着中间的物质传导，然后从脑组织的某个其他部分流出去。对电和磁的了解使我们对这种活动毫不陌生。”

德雷珀教授说：“我发现，大脑确实与其他任何神经弧的构造都是相似的。它由传入纤维和传出纤维构成，还有负责记录的神经中枢。如果说其他神经弧的构造仅仅是无意识的、不能自主做出任何反应的，必须有外部动力（视神经只对光做出反应，听觉神经只对声音做出反应），那么基本构造和神经弧极为相似的大脑也必须靠某种外部动力刺激才能进行活动。”

两种途径生成大脑能量

哈多克教授以为身体和心灵每时每刻都在发生分子和化学变化，因此有人建议，可以把大脑当成一枚不断储电和放电的电池，数百万个脑细胞时时刻刻在发生感觉不到的变化。这样一来，大脑就是某种电池，而神经就是向身体各部分输送能量的导体，这个过程就像是电磁转化。

有人认为，通过以太或是某些更微小的物质，大脑的能量或许能够传导到身体之外。如果说神经相当于电线，那么这种微小介质就相当于发无线电报所依赖的以太场。正如电运动可以不靠电线或其他有形的媒介进行，大脑能量也可以不靠神经——除了属于大脑本身组成部分的神经，就传播到大脑以外。

总的来说，大脑能量流由两种途径生成：一种是直接的心理行为，另一种是心理或生理状态，也可能是这两种途径共同作用。

上述引语常常提到无所不在的以太的振动，有以太振动所需空间那么广阔的空间可供精神力振动，这可以从以下知名权威的论述中看出来。

格雷教授说："世上存在人耳无法听到的声音，还存在人眼无法看到的光波，有很多值得思索的地方。宇宙中每秒振动4万次到400万亿次之间的广阔无声空间，以及每秒振动700万亿次以上的无穷空间（光波在这个频率就停止了）都能让人陷入深深的思索。"

威廉斯教授说："我们能听到的最高振动频率，以及我们能感到温暖的最低振动频率，在这之间的频率对我们而言并无分别。这其间横亘着一道巨大的鸿沟，宽到足以容纳下另一个运动世界，这个世界就夹在我们的听觉世界和我们感光感热的世界之间。没有充分的理由认为物质不能在这个范围内活动，也没有理由认为这种活动不能被介乎中间的感觉感知，只要器官能感知到这些运动就行。"

有位撰稿人最近在一份报纸上写道："我们通过实验得来了一些知识，这些知识让我们彻底认识到我们的身体机能简直太不完美了。耳朵可以感知到每秒振动40次到4万次的低速声音振动，但是整个空间可能正在以各种速度的波振动，而我们却完全感觉不到，直到它们的振动速度上升到惊人的每秒400万亿次，在这个时候我们才能再次感知到它们的存在——以光的形式存在。"

一名美国心理学家进一步阐释下去：“当振动达到每秒35万亿次时，我们能够开始感知到热。当振动达到每秒450万亿次时，我们就能看到频率最低的可见光。频率再高就是橙色、金黄色、明黄色、黄绿色、绿色、蓝绿色、海蓝色、青色、深青色，最后是紫色，也就是人眼可见的最高频率的光，这个时候的振动频率达到每秒750万亿次，然后是紫外光，人眼无法看到，化学媒介却能记录。

“在紫色以外的区域里有‘紫外线’和其他最近发现的高频射线，还有光化射线。光化射线是肉眼不可见的，它可以被感光底板记录下来，会灼伤人的面部，让人的鼻子起水泡，甚至会导致化学物质发生剧烈爆炸，还能会对植物的绿叶起作用，让碳酸和水发生化学反应，变成糖和淀粉。这些‘黑暗的光线’（也就是人眼无法察觉到的光线）只是证明世上存在频率更高、更微妙的振动——‘更微妙的自然力’的微弱证据。”

噢，没错！有充分的空间可供大自然施展力量，可供思想力、神经力以及将二者结合起来的气场施展。我相信，上述科学事实已经让你不再对这个问题有任何怀疑。

第 11 章

气场决定命运

态度决定你的高度

谁不能联想起几个像尤赖亚·希普（英国作家狄更斯的长篇小说《大卫·科波菲尔》中的人物）那样表现出“顺从和卑微”精神态度的熟人呢？谁不能记起在某些人身上真实感受到的偷偷摸摸、狡猾奸诈的精神态度呢？谁又能忘记工作圈子中某些成功人士所表现出的勇往直前、大局在握的精神态度呢？这几类人中的每一类都具有一种精神气息，这种精神气息在我们接触他们时，一下子就能展现出来。

我根本不用跟你强调培养最理想气场的重要性，而且正如我在前面所说，精神气场是一个人精神态度的直接结果，并且必然反映着这个人的精神态度。当然，一个人的精神态度由信仰、观点、观念和理想等多方面因素组成，并且一定是某种复杂的状态。

大多数人的气场缺乏力量和特点，这是因为他们的精神世界没有任何特色，但是在一些强者身上，总是有一种强大而复杂的精神态度——**左右其余所有想法的强烈欲望、压倒一切的远大抱负或是决定整个精神面貌的坚定决心**。这种强烈的振动被带入气场中，人们感受到了它的影响，并且做出响应。

积极的心态让气场步步飙升

总的来说，精神态度可以分为以下两类：积极态度和消极态度。

很难一上来就解释清楚这两种精神态度，但是我想向你介绍一位美国作家的话："通常让人变强的就是积极，通常让人变弱的就是消极。"我认为不需要再对这个定义进行改进了，而且我建议你采纳这个定义，并且用这个标准衡量自己的精神态度。

务必要发扬积极的精神态度，约束消极的精神态度，最终，你的精神态度就是"积极"的而不是"消极"的，强大的而不是软弱的。

关于培养精神态度的有趣一点是，改进后的精神态度往往不仅会给你接触到的人留下深刻印象，还会深深地影响你自己的精神面貌，渐渐地，这种精神态度就会在你身上固定下来。

精神态度就像酵母，如果你在心中加入一点，它就会起效，生成其他细胞，直到最终充满整个心灵。精神态度会自我繁育，对好想法和不好的想法来说都是如此，但是牢记一点，最给人以希望和鼓舞的事实是：一个积极的想法往往能够消灭一个消极的想法。所以你看，大自然这个造物主还是站在你这边的。消灭消极精神态度的最好办法就是在它们所在的位置植入积极的精神态度，然后鼓励二者做斗争，最后肯定是积极的精神态度获胜。这就像是往一盆脏水里不断倒入清水，最后水迟早会变干净，或者说，就像是在一间屋子里洒下阳光，黑暗终究会被驱散。

让我们大致看一下积极和消极的精神态度主要有哪些：

积极精神态度：勇气、大局意识、活力、创造力、思维活跃、自信、果敢、持之以恒。

消极精神态度：恐惧、盲从、办事拖拉、缺乏主动性、思维呆滞、不自信、退缩、反复无常。

这份清单还可以列得更长，但我想你到这里就已经明白了。在一张清单上列出你所认识的强者的积极品质，努力学习这些优点。再列一份你所认识的弱者的消极品质清单，努力把这些品质从你的精神态度中“删除”。

用好的食物喂养你的心灵

在塑造精神状态的过程中，记住这一点：精神以什么为食粮，就会越来越像什么。因此，你应该给自己的心灵“喂食”你希望拥有的精神态度，比如，如果你渴望拥有勇气、决心、掌控力和成功等精神态度，那就应该读读突显这些特点的作品，和具有这些特点的人多多来往，牢记你希望拥有的这些精神态度。你会发现，轻而易举就能在外部世界中找到体现这些精神态度的东西。同时要牢记，对于与此相反的书籍、人和思想，要敬而远之，就像躲避毒蛇那样。

令人惊奇的是，这种坚决抱持积极理想、营造积极环境的做法很快就能收到效果。不久，你就能养成一种本能的思维习惯，从环境中选择积极的事物，同时拒绝消极的事物。训练你的心智，让它选择对自己好的食粮，很快它就会养成好习惯，本能地做出正确选择，而不用你去专门监督了。此外，你的心智还会发展出一种能力，天才的美国作家普伦蒂斯·马尔福德把它叫作“思想的吸引力”。这种能力会让你被那些对你的理想最有好处的人、事物和书籍所吸引，它们会提供对你理想最有好处的精神食粮。我不会在此探讨最后这一种绝妙的现象，但还是请你记住并且应用这一事实，因为它是自然界最伟大的力量之一。

最后，我建议你坐下来，仔细、完整并且诚实地列出自己的精神特点——积极和消极的特点。然后，在积极特点前画一个加号，在消极特点前画一个减号。接下来，每天都浏览一遍用加号标记的特点，一遍遍告诉自己必须发扬这些特点并且重新审视消极特点。如此一来，积极特点就会得到发扬并且越来越多，就像自体繁殖的细胞一样。通过发扬积极特点，消极特点就会得到抑制，这样说是根据我们之前所说的“积极想法会消灭消极想法”的法则。掌握了应用心理学的上述两项伟大的根本法则，你就能随心所欲塑造性格了。我在此复述一下这两大法则，这样你就能牢牢记住了。

第一，用思想、书籍、人和环境中的积极因素来培育你的积极品格。

第二，通过发扬积极品格来抑制或消灭消极品格。

现在，我们来看一项可以发扬积极精神态度的绝佳计划。这一计划已经得到我的许多学生的成功验证，其中一些学生是世界伟人中的翘楚。计划是这样的：

为自己规划一下理想中的样子，详细列出你希望拥有的特点，然后在脑海中勾勒出一个拥有这些特点的人，一个你所希望成为的人的完整模样。然后，在想象中不断地温习这个形象，总是想着它，由内而外地审视它，和它完全熟悉起来。渐渐地，你会开始变得像这个理想中的形象。

别因为这个方法简单就不拿它当回事，它已经在他人身上创造了奇迹，为什么在你身上就不行呢？如果你坚持执行这项计划，你的精神态度就能变得更积极并且固定下来，你的气场将充满强大而积极的振动，这将使你成为一位大师。

在学习以下若干章节的过程中，牢记这个方法。谨记，通过这种方法，你能从接下来这一章的专门指导中收到最好的效果。

第 12 章

心灵的颜色与气场的性质

无意识投射

普通人会在无意间把精神状态的特点反映在气场中。反映的程度（注意是程度、而不是种类）取决于个人精神活动的程度。一个思维或情感不活跃的人，他的气场也近乎苍白，而一个思维活跃的人，他的气场所伴随的精神特点也是相当显著的。

还有第二类人，他们虽然不完全明白精神气场或精神气场的投射过程是怎么回事，但他们的气场体现出极强的思想色彩和力量。这是由于他们通常是情感热烈或是理想主义情结很强的人，也就是说，他们要么是情感热烈的人，要么是对任何感兴趣的事物抱有强烈精神追求的人，再或者是二者兼而有之。

在这一类人中，展现出最强烈思想色彩和力量的是那些对事物有浓厚兴趣的人。这种浓厚兴趣确实把情感与注意力结合了起来。

情感是一种很强烈的精神，而注意力是意念的直接运用。如此说来，这样的人肯定是把他们的精神状态强烈地投射到了气场中，尽管同样是在无意之中做的，而且没有刻意运用意念来达到这一目的。

有意识投射

和生理气场的情形一样，精神气场最强的人是那些清楚投射过程，并且有意识把思想投射到气场中的人。精神气场与生理气场汇合，生理气场为精神气场增添了活力，如此一来，一个人的气场就对周围的人产生影响力了。

不要忘记很重要的一点，那就是，意念主要是靠渴望调动的。如果你强烈渴望思维波填满你的气场，那么你几乎已经在有意识地运用意念了。这样说的原因是，第一，意念本来就是靠着强烈的渴望驱动的；第二，脑海中的想象会使注意力集中，而正如我之前所说，注意力是意念聚集能量的一种积极和直接的方式。这样你就明白了，如果照着上面的方法做，其实就是在运用意念的力量，尽管并没有直接去命令意念。你也可以直接命令意念去投射思维波，就像你命令意念去抬起手臂或闭上眼睛一样。

此外还有很重要的一点你必须谨记，并且要在营造和保持强大积极气场的过程中努力运用。我指的是把气场的两方面（也就是生理气场和精神气场）结合在一起的过程。虽然这两方面本来就会混合或结合，而不需要你专门做什么努力，但如果你能明确运用一些精神力量，那么效果会大增。这个运用过程涉及若干种上文提到的对意念的使用。它包含以下三种明确的精神行为：

（1）你必须迫切渴望把气场的两方面——即生理气场和精神气场结合起来。你必须产生最强烈的渴望才行。这种渴望必须比“仅仅希望”强烈，它必须强烈到“热切盼望”和“极度渴望”的程度。

（2）你必须积极运用想象力，在脑海中把个人气场的两方面合二为一，就像你设想两朵云彩飘到一起，或是两股来自不同源头的水流汇聚到湖中一样。你的想象越生动，生成的气场就会越强大。我已经解释过，想象时需要集中注意力，而注意力是意念聚集能量的一种积极和直接的方式。因此，这一过程中积极有力地运用了意念，也会收到相应的效果。

（3）直接命令意念把生理气息和精神气息合并到一起。

如果同时运用上述三种方法，效果将会非常好。稍加练习，你就能几乎不假思索地同时使用三种方法。

稍加思索就会发现，我们刚刚探讨的过程其实在你做任何有意识、自主的身体动作时都会经历，以举手为例，这个动作涉及哪些过程呢？有以下三个：（1）渴望——你想要举手；（2）想象——你几乎在无意之中就在脑海中形成了举手的画面；（3）直接命令意念去举手，这也是精神努力的最后一步。

生理气场和精神气场是通过以下两种方式结合的：**（1）精神气**

场赋予生理气场以色彩和特点；（2）生理气场赋予精神气场以活力和行动力。也几乎可以说，在这一组合中，生理气场提供的是身体和活动力，而精神气场提供的是“灵魂”。通过结合的力量，这两种气场都效果大增。

气场让你散发七彩光芒

古代术士告诉我们，气场是带有特定色彩的，这取决于精神状态的特点（精神状态在组合中占主导地位）。据说，每种精神状态都有自己的颜色。我不会展开这一话题，而只是根据全局需要在这里泛泛谈谈。

古代术士还告诉我们，当两种气场结合时，精神气场的色调变得更深更重，似乎也更稳固和浓厚；生理气场则似乎变得加倍活跃，其能量增加的证据就是微小的闪光以及跳跃着的闪亮微粒。这看上去就像是两种化学物质的结合，每一种都增加了另一种的威力和活力，它们合起来生成特别强大和有活力的新产物。

我们还从术士那里学到，一个人如果运用意念把两种气场结合在一起，那么他的气场就好像有生命一般，充满了能量。据说，如果其他人接触到他时，特别是当他运用自己的精神去影响他人时，他的气场会主动去把对方包围在能量场中，就好像是要拥抱对方，让对方听令于他心灵的振动一般。

当你学会把两种气息有效结合起来后，你就会开始注意到，几乎能在不经意间就影响身边的人。你会发现，他们会受到你的情绪以及情感的感染，还会和你的精神振动“同步”。如果你对什么事情热衷，他们也会开始表现出热衷，你的每种精神状态都会引起其他人的共鸣。需要注意的是，仅仅把这种方法运用于你希望能感染的人的精神状态上。

另外，通过意念把你内心的看法和设想好好存放在脑海深处，仅仅展示你希望他人感知到的想法，别忘了，你的思想流将变得极其有活力和强大。

第 13 章

气场力等于影响力

生理气场与精神气场的结合

一个人的气场是生理气场和精神气场的结合体，和其他形式的磁力或电力一样，它也是以“流”的形式运动，以“波”的形式传播的。这些持续的波围绕着他的气场流动，并始终保持快速振动。

正是这些气场波在接触到其他人时，使他们的精神产生相同频率的振动，从而使他们具有和气场波主人一样的精神状态。我曾多次说过，生理气场为气场提供“身体”和活力，精神气场则为气场增添色彩和特点。

在脑海中把对生理气场和精神气场的想象合并成一幅图景是可能的，同样的，把对投射生理气场和精神气场的渴望合并成一种渴望也是可能的。此外，把用来投射生理气场和精神气场的意念合二为一，也一样是可能的。这很简单，就像把两股丝线拧成一股后，穿过一个粗针眼，然后用这枚针去做针线活。把生理气场和精神气场想象成拧在一起的两股丝线，让它们穿过相当于意念的针眼，然后想象把这两股线一起缝在布料上，你要做的仅仅是用针去缝。这番讲解会让你对这个过程有更直观的印象。

你会发现，稍加练习后，你就能不假思索地把两股“线”穿进意念的针眼。一开始你可能会觉得，首先投射生理气场，然后投射精神气场会容易些，也就是说，先穿一股线，再穿另一股线的难度会小些，但是经过极少量练习，你就会觉得一次穿两股线会更容易——把它们拧在一起后共同穿过意念的针眼。

你应该时刻保持气场的饱满，完全没有必要规定投射的具体时间和次数，你必须运用自己的判断力和感觉。你很快就能学会感知自己的气场何时虚弱，何时强大。这些能力来源于练习和实际经验，光靠老师教是教不会的。你很快就能学会如何去“感知”自己气场的强弱，就像你感知温度或湿度一样。

当你即将去接触想要影响的人时，或是当你即将接触想要影响你的人时，你必须使自己充满气场，也就是说，你必须生成大量气场，这将使你拥有强大、积极的气场，而不是虚弱、消极的气场。战斗中最要紧的就是做好充分准备以防不测，这同样适用于运用个人气场与他人打交道。

谨记，在接下来投射气场时，你必须把对两种气场的想象结合起来，就像把两股线拧成一股一样。

气场与气场流

现在，让我们回过头来看看气场流：

一个人的气场流并不总是局限在气场的界限内，它也常常主动扩散到引起这个人注意的其他人身上。在这种情形下，一个人的气场似乎向他人伸展，甚至把那个人包裹起来。注意，我现在所说的是气场流做出的潜意识行为，而不是有意向对方投射气场流的行为。当一个人对另一个人产生兴趣或是注意到另一个人时，这个人的气场流就会几乎自动地做出上述行为。

当然，如果你坚持要我对气场流的这种明显不假思索的行为做出最严格的科学解释，那我必须承认，即便在这种情形下，一个人的意念也是投射的直接原因。你必须记住，在感兴趣或是引起注意这类精神活动中，意念会做出一种不经意的行为，也可以说是一种自动自发的行为。事实上，在引起注意的一瞬间，意念就已经采取行动了，注意力是意念采取的一种积极行为。接下来，意念指挥气场流向引起己方注意的事物投射。

这样你就会明白，在你和另一个人谈话或是向若干人发表讲话时，你其实是在向他们投射一系列气场流。气场流的振动必将对他们产生影响，除非他们自己的振动比你的振动还要积极。实际上，许多气场最强大的人、许多气场能被他人真实感知的人都用这种途径投射了气场流，同时极少量地使用了“直接闪投”的方法。这后一种方法就是指以迅雷不及掩耳的速度投射浓缩气场流，我们将在后面几章中探讨。这些强者的气场日常储备相当充足，相当饱满，以至于仅仅跟他们接触都能受到影响。

如何运用气场影响对方

如果一个人学会了让自己的气息中充满足够多的气场流，那么上文提到的用气场影响他人的普遍方法就会非常有效。不过即便如此，上述方法仍然相当于发射霰弹，而不是用步枪发射子弹，在较少的能量就够用时，霰弹会消耗过多的能量。所有迹象都表明，集中的力量而不是分散的力量才是最有用的。不过归根结底，最好的办法是霰弹枪和步枪同时使用——步枪子弹直奔目标，而周围的霰弹云进行扫尾，这样必定会取得成功。因此，如果你对后面几章介绍的“直接闪投”方法感兴趣，也不要忽视气场中气场流所发挥的笼统作用的重要性。

我还想解释一下某个现象，许多修习气场的人都对这个问题迷惑不解。我想讲的是——我们常常会碰到的显然无意识地使用气场力量的情况，比如，你可能某天正专注地想着某个人，但是并没打算用任何方式影响那个人，而当你事后遇到那个人或是收到他的来信时，你会发现你的气场竟然影响到了他，而且常常是相当明显的影响。这很令人费解，因为你并不记得曾用“直接闪投”的方式影响过他，更何况那个人距离你的气场十万八千里。该怎么解释这件事呢？

原来是这样的：通过集中注意力和产生浓厚的兴趣，你积极（尽管毫不知情）地运用了意念，结果是，你的一股气场流投射到了那个人那里（这跨越了很远的距离），而他受到了这股气场流的影响，就好像你就站在他面前一样。当然，他不会受到特别强烈的影响，除非你投射的是很强大的气场流，并且这股气场流带有你的很强烈的精神烙印。但是即便如此，总是多多少少产生了一些影响力，除非对方的状态比你还要积极——那样的话，他丝毫都不会受到影响。

所以你看，我们不仅时时刻刻被自己的气场包围，还在无意间多多少少向其他人投射气场，而这将或多或少地影响到他们。同理，其他人也时时刻刻向我们的气场投射气场流，并多多少少对我们产生影响，除非我们的气场比他们的更积极，或者我们刻意运用意念“关闭大门”，才能免受外部的影响。

第 14 章

如何投射积极的影响力

直接闪投法

我们现在开始把气场作为一个整体探讨，这个阶段相当重要，也是学生们最感兴趣的。这个阶段涉及有意识向另一个人、几个人或一群人投射气场。这种方法叫作“**直接闪投**”，因为它就像电火花的闪光一样。

“直接闪投”是一种用来向他人投射积极影响力的方法，它是一种得到生理气场和精神气场联合支持的精神指令。这种方法是：（1）在头脑中生成一条直接指令，同时想象另一个人按照指令做出动作的景象；（2）在头脑中把生理气场和精神气场聚合成一股力量；（3）通过意念有意释放“闪光”。

你已经充分掌握了关于这种方法前两个阶段的知识，而且你也大致了解了关于第三阶段的知识，也就是说，你已经明白如何在头脑中想象场景，如何投射气场，以及如何集合两种气场，你也同样知晓意念在投射气场过程中发挥的力量以及采取的行动。你唯一还需要做的就是再掌握一点关于如何使用意念投射这种“有意释放”的知识。我将在下面向你进一步传授这些知识。

“直接闪投”的关键在于，运用意念有意向另一个人的头脑中投射或“闪投”某种直接指令，同时用上你的所有气场。稍加练习，你很快就能很轻易地掌握。另外，你可以在私底下站在镜子前进行练习，直到你可以不假思索就做到的时候，这是十分必要的。

我们暂时停止空泛的介绍，先来看一些具体的例子，换句话说，我们现在要“开门见山”。

镜子练习法

预备练习。站在镜子前，坚定地凝视着镜子里的你，就好像在凝视另一个人一样。事实上，你必须设法想象自己就是在盯着另一个人看，然后，向镜中人传递如下信息：“我比你强！”

现在，你必须准确理解我的意思，这样我们才能进行下去。你绝不能仅仅满足于思考或是说出上述指令，你必须真正下达这个命令，就好像靠意念做出举手或握拳等动作一样。除非你真的相信，否则是没法很好地命令自己举手或握拳的。

同样的，小孩在做肢体动作时，必须首先学会相信自己能运用意念。最初，他看到其他人做出某种动作，后来慢慢地认为自己也可以做这些动作。然后，他开始运用意念来指挥肌肉，起先会很笨拙。如此说来，你必须通过学习才能掌握如何运用意念有意识地投射气场，但是只需在镜子前踏实、专心地练习一小会儿，你就能很快掌握窍门——剩下要做的就是在其他人身上练习了。

在用意念传递“我比你强”的信息时，你心里必须坚信自己（的气场）确实比他强大，同时相信他一定会深刻感受到这个事实并且接受这个事实。你必须发自内心地强烈要求他接受你的说法，而不是仅仅请求他那么做。

在施展这种气场影响力时，不存在“请求”这么一回事，只有“坚决命令”，必须牢记这一点。当你仅仅是请求时，你通常让自己的气场退居第二位，而把第一位拱手让给对方，但是当你命令时，你就占据了第一位，迫使对方退居第二位。在镜子前练习时要牢记这一点，并且尽力让自己争取第一位。当你成功时你会感觉到的，因为你会有一种奇特的气场优越感。

当你对练习效果感到满意时，也就是在你闪投指令时，已经完全有了娴熟感和气场优越感时，就可以进入下一个练习了。

这个练习以第一个练习为基础，并且源于第一个练习。我的意思是，你可以在镜子前进行第二阶段的练习了。你会跃跃欲试地想要在其他人身上试验自己的力量，但是等你在镜子前彻底掌握气场投射的技巧之后，你会做得更好。

预备练习的这第二个阶段可以用一句心里的气场指令来概括，你可以对镜中人发出这一指令："我能命令你做动作。"仔细研究一下这句话的措辞，你就能发现这确实是一句极具威力的话，你必须极大地调动自己的信念和想象力才能进入正确的精神状态，才能让意念轻而易举地执行这一命令。

记住，要想让意念顺利地推进并最终抵达目标，你必须扫清自己头脑中可能残存的任何障碍。他人脑中的障碍就足够意念去对付了，不应该再让意念与我们自己头脑中的障碍作斗争。所以，在指望影响他人前，你必须首先让自己进入正确的精神状态。

当你向镜中人下达精神指令时，你必须极为认真地下达这一指令："我能命令你做动作。"同时，你必须最大限度地使自己相信这一指令，你必须使自己完全认识到自己的气场，这样你就能真切感到气场在你体内和周围振动。你必须把这些指令翻来覆去读上几遍，才能彻底搞明白。

事实上，你必须开始练习，然后在练习间隙重读这些指令，这样才能彻底弄清楚它们的意思。随着不断练习，就能逐渐明白这些指令的意思。这就好比我向你传授滑冰技巧，你不可能完全明白我的话，直到你开始在冰上练习——当你每次回顾我的话时，你都会有新的体会。向镜中人下达指令也是一样，只有当你真正开始练习时，才能彻底明白我的话。

在镜子练习中，你已经能切实感觉到向镜中人发出了你比他强的指令，从而迫使对方的气场退居次要地位，你还能命令镜中人做动作，从而使他的行动听你指挥。从现在起，你可以试着向镜中人发出一些类似的特殊指令。不要错误地以为这些镜子练习都是“小儿科”，如果你真的这么以为，那你就大错特错了，因为它们绝不是玩闹或是消遣。

这是在学习“直接闪投”的技巧，然后才能真的去施展。这就像是其他任何学习中的预备练习阶段，只有经过这一阶段才能进行真正的实践。它是演出之前必须进行的排练，在你真正开始施展气场之前，别马马虎虎地应付排练。你必须完全掌握气场技巧后，才能开始真正施展。

在完成前面的练习后，你可以练习“闪投”希望日后向其他人下达的任何指令。你可以自己想出一些指令，或是用下面这些很棒的指令——所有这些指令今后都有可能在你施展气场时派上用场。

当然，为了满足不同喜好，以下的口令形形色色。你必须站在镜子前面下达它们，就用我之前教过的方法：

“看着我！”

“停下手边的一切工作！”

“过来！”

“走开——别烦我！”

“你喜欢我。”

“你爱我。”

“你想取悦我！”

“你会同意我的想法！”

“滚开！”

“你被我吸引了！”

“我让你着迷！”

“过来！快点，照我说的做！”

第 15 章

气场训练：做更强大的自己

气场训练8法

现在，你已经完成了预备镜子练习，准备开始在真人身上进行试验吧，但是同样，你在学会走和跑之前必须学会爬。你得从比较简单的气场影响力入手，然后才能完成更复杂、更困难的任务。不过现在，你已经从幼儿园毕业了，随时可以进行实际操练了。如果你在镜子练习阶段是完全按照指导去做的，那你此时就掌握了气场影响力的技巧，已经可以在大庭广众之下实践了。

但是，一刻也不要忘记你在镜子练习中学到的东西，牢牢记住你学到的技巧，一刻也不要错误地以为自己必须从头再来。你要一直谨记的是，你其实只不过是把镜子练习推进到一个更高的水平，带入一个更广的领域。你会在后面碰到一些有趣的任务，相信我。

第一项练习。我现在要你做一项练习，最好的气场老师几乎总是会让初学者做这项练习。

在这项练习中，你要让走在你前面的一个路人回过头来，就好像他听到有人叫他的名字。这个练习很简单。你只需找一条街道、一个公园或是其他公共场所，尾随另一个人走一小段路。把你的注意力集中在那个人身上，盯着他后脑勺的下半部分看。

首先向他发射一束强烈的气场闪光，然后下达“直接闪投”指令：“嘿！你！回头！”就好像你真的在冲他大喊一样。你甚至可以用别人听不见的声音小声念这句指令。这种方法在一开始时可以帮你在指令中注入力量，但你很快就用不着这么做了。在你“闪投”指令的同时，你必须真的用意念要求那个人回过头来看你。在这个过程中，用上你体内的所有气场。

你会发现，有时对方会几乎马上回过头来，用一种打探的眼光看着你，但是在大多数情况下，他可能会花更长时间才有反应。他往往首先会变得焦躁不安，开始左看右看，就像在找人，然后他几乎会转过头来（但不会真的转过头来）。最后，他会有点偷偷摸摸和将信将疑地回头看。

在这种情况下，没有任何两个人会做出同样的反应，即便是同一个人，在不同的情况下也会做出不同的反应。在某些时候，情况可能会比其他情况顺利一些，这可能出于各种各样的原因，你会有所体会的。

你会发现，在这个练习和后面的其他练习中，最理想的结果总是在试验对象闲逛的时候取得的，那时他没有去特别注意任何事情。

在没有注意任何事情的时候，思维更容易受到外界的影响，而当那个人专注于某件事时，你会发现很难对他有任何明显的影响。

这符合心理学的一条已被证实的规律，你会发现这条规律适用于任何情况，比如，如果你叫一个人的名字，而他正在沉思或是专注于身边的事情，那他很可能听不见你叫他，但是在其他情况下，他会迅速转过头来。当然，这条规律也同样适用于气场影响力。

第二项练习。当你在教堂、剧院或是其他公共场所，甚至是在一个挤满人的房间里时，盯着一个人后脑勺的下半部分看，并且向他“直接闪投”指令：“嘿！你！回过头来看我！”用上你的全部气场，并且用上意念。

你会观察到和上一项练习一样的奇特现象：试验对象在椅子上动来动去，焦躁不安，最后迅速朝你的方向回头，然后脸上露出迷惑不解的神情。在这两个练习中，你都应该冷静、漠然地目视前方，摆出根本没有注意到那个人的样子。任何时候，让对方察觉你在拿他们做实验都是不妙的。

静默、含蓄的力量才是最强大的力量，因此，只有你自己知道就行了，不要对别人讲，更不要向别人吹牛，因为那样会分散和削弱你的力量。我之所以这样忠告，是有很充分、很玄妙的心理学理由的。我在这里不会就这一话题深入下去，但是希望你能记住我所说的，并且听从我的劝告。

第三项练习。这是根据第一项练习改编的。这项练习要求你让走在前面的人向左看或是向右看。你可以在做完第二项练习后，接着做这项练习。当试验对象走近另一个人时，对他进行“闪投”，让他从那个人的左侧或是右侧走过去。

当一个人走近你时，你也可以对这个人下达同样的指令。稍加练习，你就会对自己的成功感到吃惊。在面对一个非常敏感的试验对象时，你能让他或她非常滑稽地走“之”字形，但是别太过分，因为这不仅对那个敏感的人来说有点残酷，还可能让他感到挫败。

第四项练习。这是根据第二项练习改编的。这项练习要求你让坐在你前面的人偏头看右边，然后看左边。这项练习可能会花一些时间，你会在某些情况下收到非常明显的结果。在此，我还是要奉劝你不要太过分，以免被别人注意到，而且，这样对试验对象也不公平。

第五项练习。在这项练习中，你需要让另一个人的手杖、雨伞、扇子、手绢等东西掉到地上。简单来说，你要让另一个人在你意念的操控下干一些小小的体力活。

第六项练习。我们可以对第五项练习做出一些修改。

你可以坐在窗户边或是阳台上，对过往行人发出各种指令。你可以饶有兴味地花上一小时向过往人群“闪投”，当然，每次只对准一个人，然后算算成功率。你会发现每次的成功率都不一样，但是总体上讲，你的成功率会慢慢地稳步提升。

不要让试验过于复杂，要下达一些非常简单的动作指令。你会惊奇地发现，有相当大比例的人会朝你的方向看，即使你没有特别要求他们这么做。这是因为，他们被你的整体感觉吸引，而这是由于你发射气场波的缘故。

第七项练习。虽然我曾建议你在“闪投”时直视对方，但是在你完全掌握要领前，不一定非得那么做。事实上，在短暂的练习后，你即便眼睛不看对方，也能收到效果，因为影响他们的不是你的眼睛，而是你在凝视他们时坚定而集中的注意力和意念。你可以尝试一下，在一个公共场所或是大街上目不斜视，然后向另一个人“闪投”指令，让他看你，你会发现你的成功率很高。

第八项练习。在完成第七项练习后，你可以练习施展更高阶的气场影响力，也就是说，影响另一个人的讲话。你在这里使用和前面练习中大体相同的方法。

当一个人和你说话时，你可以下达强有力的精神指令或是通过“闪投”气场，让对方说一些并非他本意的话。不要尝试让他说一个完整的句子——至少不要一开始就这么做。

一开始，要等他说话停顿时，强烈地用意念让他说某个词，这个词要能够很自然地融入他的句子——他很可能会照办。稍加练习后，你能让他说出一个很莫名其妙的词，让他在讲话时结巴或停顿。在更多的练习后，你就能让他说出一个完整的句子，甚至更多，来表达你命令他表达的想法，他还会问一些你用意念命令他问的问题。

正确运用气场的力量

到这里你会发现，只要按照上面所说的不断练习下去，你就能拥有如下能力，即通过意念和气场让另一个人按照你的意念和无声的指令做很多事情。事实上，沿着这条道路不断发展下去，你就能拥有非常强大的气场。施展气场的效果将完全取决于其他人气场的大小，或是你自身不懈努力和发展的程度。

但我想在这里奉劝你，不要用这种力量去做任何不光彩的事情。我之所以这么说，并不仅仅是出于道德目的，而是因为我知道，某些心灵感应法则会招致同样大的副作用，如果你违反这些法则，会在你身上发生让你后悔的事。

如果你只是用这种新获得的力量去从事纯粹的科学试验，或是从事正当的人际交往活动，那么完全没有问题。但是，永远不要滥用自己的力量去做一些不光彩的事情或犯罪，以免搬起石头砸自己的脚，或是作茧自缚。

有一些心灵感应法则和生理定律是不能被打破的，这就是其中之一。尤其不能利用这一力量去让异性做淫荡的事情，所有古代术士的著述中都特别对这种行为进行了告诫。因此，听从劝告，只把你的力量用在正确的事情上。

第 16 章

打造致命吸引力

塑造积极的气场

现在，你已经掌握了提升气场的技巧，可以在公众身上进行实际操作了，但是在开始这一阶段以前，我认为有必要让你思考一下积极气场的营造和保持这个话题。

我特意把这个问题留到现在——我们的学习进展到这个特殊时刻才探讨，因为要想正确地营造和保持积极气场，你必须使用“直接闪投”这种力量，因而必须懂得“直接闪投”的原理和技巧。现在，既然你已经掌握了“直接闪投”的原理和技巧，就可以开始积极气场方面的学习了，我们也确实将在这里开始教授这个问题。

在某些情况或场合，你非常需要影响在场的所有人，把他们作为一个整体去影响，而不是逐一去向每个人进行“直接闪投”。当然，这群人会受到你的整体气场的影响，但你现在需要施展一些更积极、针对性更强的影响。为了满足这个要求，你必须拥有“积极的气场”。

拒绝平庸，变身万人迷

让我用几个真实的故事来说明什么是“积极的气场”，以下是我几个学生的亲身经历。比起花上几页纸来凭空讲授，这些故事会让你有更直观的理解。记住，这些小故事并非虚构，它们来自真实生活，是真人真事，都是我亲眼所见。

几年前，在巴黎，我有这样一个学生。她很有实力，但是她极其拘谨、害羞、胆小和敏感——事实上，“敏感”这个词抓住了这位年轻女士个性的精髓。她是个年轻的艺术家，天分极高，讨人喜欢的举止也让她交到了一大堆朋友。

这位女士对我抱怨说，在巴黎一些繁华地带，大街上熙来攘往的人群常常粗鲁甚至近乎野蛮地对待她。她抱怨说，过往的人流把她挤来挤去，有时会猛地把她推到一边。此外，她在商店里也受到轻慢，巴黎的售货员总是表面上装出一副礼貌的样子，但这掩饰不了他们内心对这些“寒酸”顾客的蔑视和讥笑。

听到这些，我的第一感觉是，她已经进入了一种妄想状态，而这是由她极度敏感的天性和畏畏缩缩的性格造成的——简单来说就是，我认为她有些病态的自卑心理，还常常伴有迫害妄想。因此我决定查个水落石出，看看她的话有几分真实性。

在这位年轻女士一次外出购物时，我对她进行了几个小时的跟踪。我用学过的简单乔装术对自己的外貌稍作改变，这还要拜我曾经教过的一个学生、巴黎的一位名侦探所赐。

令人相当吃惊甚至可以说相当气愤的是，我发现她所说的都是真的。在跟踪过程中，有几次我几乎无法控制自己，而且不止一次想要用我的手杖狠揍那些粗鲁的家伙，某些自称“男人”的家伙的行为简直太粗鲁了！

巴黎男人中有这么一类人，他们讲究穿着，外表光鲜，内里却是粗野和无赖。这些人似乎特别喜欢推搡女人，有时几乎把她们推下人行便道，而碰到真正的绅士时，他们就会遭到一顿手杖痛扁。唉，这些无赖似乎受到这位年轻甜姐儿的吸引，就像苍蝇见到蜜糖一样。他们把自身的粗野和无耻发挥到极致，虽然这位女孩的外表始终没有半点理应会吸引这群人的地方。我立刻意识到，有某种内在原因在发挥作用。

此外，我还发现，这位年轻女士同样会被行色匆匆的商人推开。这些商人根本没往她的方向看，却一把把她推开，就好像她不是活人，而是一个没有生命的物件一样。在商店里，我发现她也受到了曾向我抱怨过的那种对待，尽管她是个慷慨的主顾，很好伺候，也没有婆婆妈妈的。

我回到家，对这件事进行仔细分析，并且制定了一套解决方案。我把那位女士请来，对她说她的问题在于“先天敏感和过分谦恭”——简言之，她把自己包围在了一种自卑和病态敏感的气场中。正是这种气场招致那些人跟她“找茬”，把她挤到墙边，把她推下排水沟，并且在商店里对她怠慢，背地里侮辱她。她的气场不止是消极的，根本就是消极得引人瞩目。也就是说，消极到了吸引更积极的人来利用她的弱点的地步（这种情况绝不罕见——它是一种心灵感应法则，也是一种生理法则，对人和动物都适用）。

我立即开始在镜子前向这位女士传授“直接闪投”的技巧（和我教给你们的完全一样），她的指令无一例外都是积极和有力的。

她闪投出这样的指令：“我是积极的——比我身边的人群积极得多！”她还会闪投其他针对街上人群的夸张指令。她对商店售货员会发出同样的指令——“过来，就现在，我要得到礼貌的招待！”“快点儿，照我说的办！”

你会注意到，我有意夸大了她的精神要求和闪投指令，因为她必须用一种夸张的积极精神态度来战胜自己先天和后天的弱点。没过多久，她就完全掌握了要领，并且拥有了一种公主才有的精神态度和气场。接下来，她在人群中试验了这种积极的气场。

效果令人不可思议，从她的脚踏上人行便道的那一刻，她就以公主的方式行进，人群本能地为她让路，甚至有人边让路边向她微微鞠躬，那些无赖“绅士”都离她远远的。在商店里，就连英国女王也不可能比她得到更谦恭的服务或是更小心的招待。她的问题全解决了，并且再也没有复发，而这位年轻女士早就放下了“公主”

做派，现在她只是保持一种积极的自尊自信的气场，并且只要求得到正当的对待。

有气场才有人脉

我要讲的另一个故事是发生在我的另一名年轻学生身上。他是美国人，父亲是一位著名的商人。这个年轻人受过良好教育，举止文雅，还几乎具备一个成功推销员所需的所有品质，除了一样品质，那就是——让他接触到的人把他当朋友看。他为他父亲做事，有时会被叫去联系相关的商界名人。尽管他能很有逻辑、很有说服力地推销自己的观点，但他还是有一大弱点，那就是别人不愿和他做朋友。绝望之下，他远渡大西洋来咨询我，恳求我治愈他的严重心理问题。

要治好他非常容易，我只不过给他上了一堂关于“直接闪投”的镜子练习课，直到他掌握闪投的技巧为止，然后让他脑海里充斥着如下图景和想法——“你喜欢我——你非常喜欢我”、“你被我吸引了”、“你是我的朋友，想要向我表示友好”，等等。所有这些想法只不过是一种简单想法——“你喜欢我”的改进版本。

后来，这个年轻人开始散发出强大的讨人喜欢和友好的气息，他走到哪里都能交到朋友，他甚至没有刻意去交朋友。他似乎周身散发着友好的气息，昔日的烦恼神奇地消失了——他变成了一个新人。不过你看，这其实很简单，当你掌握秘诀时，它只不过是小儿科，而现在你手中已经握有秘诀。这位年轻人坚持要我收下1000美元的支票，尽管我先前根据所花时间精力而提出的收费只相当于这个数字的十分之一。

我还可以举出一个又一个曾经碰到的例子，但我想，上面两个例子已经能让你大致了解我设法传授的知识，我不用再在这个问题上花费更多的时间和篇幅了。规则是普遍的，你需要根据具体情况去套用它，找出你个人气场中的弱点，然后打造与此相反的心理和性格；找出你身上突出的消极特点，然后培养与此相反的积极特点，就像上文提到的两个学生所做的那样。一遍遍地仔细温习这一章，直到你把要点铭记于心，剩下的就是练习了。

第 17 章

掌控气场，拥抱成功人生

截至目前，你已经通过镜子练习掌握了“直接投射”的技巧，而且还掌握了培养积极气场这门学问，现在你应该无需过多额外的指导就能够下达“直接指令”了。

所谓“直接指令”是指将直接的指令或需求投射到另外一个人的头脑中，你的精神和身体气场汇集而成的力量可以帮助你下达这项指令。现在你明白我为什么要首先叫你习得对镜练习的技巧，然后教你如何制造和维持积极的气场了吧？自然，你已经知道其中的奥妙了！稍微想一下，便可知道“直接指令”实际上是将对镜练习与培养积极气场的方法合二为一。对镜练习教给你一种技巧，而训练积极的气场则帮助你放松，获得自信并能够本能地运用你的气场力量来影响其他人。

“直接指令”实际上是“直接投射”的一种高级形式，也是让后者变得最有效果的一种途径。

在“直接指令”中，你将自己的指令传递到另一人的思想中——当然是指精神上的传递，但这样做与你在现实中通过语言来下达指令也是十分相似的。你在头脑中形成指令，随之创造出一幅尽可能强大的精神图像，然后在头脑中集合尽可能多的气场力量，将指令传递到另一个人的身上。你会发现在镜子前把自己当成“目标”有利于提高练习效果，你在之前的练习中已经训练过这一点。不断进行这种训练将在实际操作中增强你的气场力量。

用自信改变气场

由于每个人都有各自不同的需求，而人们遇到的实际情况也是千差万别，因而我无法教你如何在一些特殊情况下执行这些程序。我所能做的就是告诉你一些通用法则，让你能解决自身遇到的特殊情况和需求。或许我可以援引几个例子来阐释如何运用这些法则，这些例子都是我在实际生活中看到和经历过的。

我所遇到过的一个最有趣的案例是美国的一位大学教授，此人在其自身的科研领域可以称得上是一位专家，精通其自身涉猎的特殊学科，其撰写的书籍和期刊著作受到许多读者的关注，但这位教授在课堂教学中的表现却是一团糟，因为他无法获得和维持学生对他的关注。

他在巴黎找到我，阐述了他的窘境。我让他学习了精神影响力的短期课程，并让他按照我在这本书中罗列的要求进行训练。我让他想象自己正面对着满满一屋的学生，并且训练他向学生传递下面这些强有力的直接指令——“将你全部的注意力集中到我身上”、“现在慢慢地将你全部的注意力集中到我的语言上”以及“这就对了，你正在将全部的注意力集中在我的身上，现在将你的注意力牢牢地固定在我身上”。

首先，要让课堂上的那些“领头羊”来接受这些指令，这些领头羊就是在每个班级中都可以找到的那些天生的领袖人物，然后大多数学生才会接受指令。这位教授对我说，在进行了大量课堂情境模拟训练之后，他能够在头脑中清晰地看到学生的每一张脸孔，他几乎能够看到自己将指令投射到学生身上。

当我认为他已经掌握了普遍法则并学会了相关技巧的时候，我结束了对他的指导，随后他立刻返回美国的大学。第二年我陆续接到他的几封信件，他在信中说已成功地将计划付诸实践。从他回到学校的第一天起，他就在课堂上获得并维持了学生对他的关注，如今他已经成为该校最出色的教员之一。

升级气场，增强说服力

另一个案例是关于一名具有国际声誉的推销员的，他曾经无法“完成”许多计划，觉得自己的大脑缺根弦。这名推销员能够制定一些可以吸引各界名流注意力的计划，他可以凭借建立高新技术企业的言论成功地吸引这些人，但是，他发现自己难以促使他们做出最终决定、签订协议或是开始订购产品。

我尽力说服这名推销员，花了很大功夫才让他摆脱了这种根深蒂固的想法——即他的大脑“缺根弦”。最终，在经历了漫长的演练阶段——这次是让他想象自己正面对着一些预期的客户之后，他开始觉得自己找到了他所缺少的那根弦。

从那个时候开始，他重新获得勇气，并在实际工作中获得了新的活力和能量。这个人的气场和能量是如此的强大，以至于我在现场指导其训练时也能够实际感受到他的这种力量。我感到自己已经陷入他的气场之中，在他靠近我之时，我确信自己必须要全力运用自我保护和防御的力量才能抗拒这种气场。

这名推销员在我的督导下学完了全部课程之后，就立刻开始创办一家全新的大型公司，并最终获得成功。他几乎“俘获”了每一个他接近的“潜在客户”，并且很快放弃了所有不那么重要的“潜在客户”，将自己全部的注意力集中在“大鱼”身上。我不能任意地公开他具体使用的“直接指令”，他曾支付了巨额学费，我应该替他保守这些秘密，但我可以说，他运用的直接指令全都是要求“潜在客户”来“参与”他的计划的。

修炼独一无二的魅力

这里还有一个关于当下一位缺少“吸引力”的著名女演员的有趣案例。她是一名非常出色的女演员，拥有姣好的容貌，并且对表演艺术有很深的理解，但出于某些原因，她的表演似乎缺少内涵。她找到我，想学习如何通过气场来影响她的观众，但我立刻看出，如果她能够完全展现自己的艺术才能，就已经足以吸引她的观众了。

这位女演员的问题在于缺少某种“吸引力”。我对她进行训练，让她能够真正吸引与她演对手戏的男演员，以创造出一种现实感。她提高很快，对自己的认识发生了很大的变化。当她离开的时候，她已经可以让自己的声音和形态拥有巨大的魅力，以至于让那些演对手戏的男演员佩服得五体投地。

结果就是，观众们被其精神上的感染力所吸引，而她不过是在背诵台词和靠近那些男演员的同时，对他们施加了直接指令。如今她的成功毋庸置疑，但我忍不住想提到一点，那就是，她与剧中的那些“男主角”的关系出了点麻烦——这些男主角都坚持不懈地爱着她，因此她不得不频繁地更换他们，以便让他们不再那么令人厌烦地关注她，因为她已经“移情别恋”了。

我认为这里有必要让大家再看看另外一个政府高官的例子，此人几年前曾经通过一些信件交流接受我的指导。他想要的是控制力，如今他已经如愿以偿了，通过运用直接指令，他变得如此具有支配力，以至于能够控制他身边所有的人。事实上，他做得有点过了火，被认为有些危险和专制，一些强大的利益集团正密谋反对他。眼下他暂时退出了竞争，但事实上却是在等待时机。当这个男人在场，尤其是在他将注意力集中在你身上的时候，你在任何时候都不得不承认，他确实是一个支配者。

现在你不妨翻到第14章的最后几页，可以看到那里面列举了一些你在对镜训练时可以运用的句子。仔细研究这些句子后，你会发现句中有一些关于某种观点的强烈暗示。在我的引导下，修习者在头脑中有效运用了所有这些句子，在实际的运用中，他们都有机会获得成功。你可以单独或是结合着使用这些句子，或是将其视为一种通用模式，也可以利用这种模式编造自己的观点。

对每个句子加以训练，直到你可以掌握精髓，那时候你就能够以最有利的方式轻松创造属于自己的指令。你会注意到每一条指令都具有直接和积极这两大特征。你要将所有的气场力量汇集到这些指令的背后，然后将指令精确地投射到你希望能够影响的人的身上。

第 18 章

气场对决

5秒钟决出胜负

气场法则与其他一些自然界法则一样，都承认力量具有多种级别，强大的力量会战胜相对弱小的力量，但是，下面这个观点也同样正确，那就是，一个对防卫和进攻艺术有着出色认识的人经常可以战胜另一个力量强大的人。不论是从个人气场还是体力角度来说，这个道理都是正确的。在气场方面具备一定技巧的人可能会击败其更加强大的对手，正如一个善用技巧的拳击手可以战胜比他更有力量的对手，或是一名技巧精湛的剑术家会让强大得多的对手丢盔弃甲，一败涂地一样。

我们每天都会看到气场相斥的人之间爆发的冲突，事实上，若非至少经历了一场有关气场力量的考验，两个陌生人可能永远都不会彼此相识。而在这些考验中，总会出现一个胜利者和一个失败者。

的确，有时候环境可以影响结果，今天的失败者可能明天会变成胜利者，但事实不会改变，那就是在这场气场对决结束时，总会有一个赢得胜利，而另一个不幸败北。

奥利弗·温德尔·霍姆斯在他撰写的一本著作中阐述了这种气场之间的对决，他提到一种“在印第安人之间进行的非常危险的拥抱动作，两个人在拥抱时会用5秒钟的时间进行眼神上的比拼，并决出胜负。对决的结果对两个人永远有效，一场考验已经足以解决所有的问题，就好像两只会唱歌的小鸟，有时候它们只是跳跃一两下，迅速地挪动几步，气场对决就结束了，随后失败者纵其一生都不能再与胜利者相抗”。

气场操控术

已经过世的英国著名医生福瑟吉尔曾经撰写过一本关于操控力的小书。这位出色的医生曾经认真研究过气场问题，尽管他在著作中并没有选择用“气场”这个词，这是因为在当时的大不列颠，人们对医生的研究范围有着非常狭隘的界定。我对气场的理论和实践都有研究，在这里我希望援引福瑟吉尔对这个话题的观点：

人们经常谈起操控力，也就是指挥其他人的能力，但能够对他人施加影响的控制力究竟是什么？是什么让我们接受和采纳一个人提出的建议，却拒绝另一个人提出的完全一样的建议呢？迫使我们接受其建议的那个人并不比其他人更有力量，但我们还是接受了他的建议。某人深思熟虑后说“你千万不要这样做”，但我们依然照做不误——尽管这个人有足够的力量可以让我们对自己的行为后悔。另外一个人说“你千万不要这样做”，于是我们便放弃这样做，尽管我们完全能够违背他的建议而不受任何惩罚。

我们之所以采用后者的建议而拒绝前者的建议，并不是因为我们害怕造成不良后果，或是担心得罪人，而是在于提出建议的那个人所具有的性格或操控力。在通常情况下，这种性格与个人的智力或是道德修养和人性善恶无甚关联。我无法对它进行衡量，但它十分重要。

世上一定会有更有能力或是更聪明的人，但只有拥有操控力——也就是那些能够通过微妙的力量令他人服从自己的人，才能在这些情况下崭露头角。

争夺控制力的行为非常普遍，它们存在于律师与客户、医生与病人、银行家与借款人以及买家与卖家之间。柜台后面的售货员之所以能让顾客购买他们不想要——而且在购买后也不觉得很满意的东西，并不是因为他们的机智，尽管机智与能否卖出东西有一定关联。

无论两个人之间是生意关系，还是其他任何一种关系甚至是恋爱关系，都会存在对控制力的争夺。一般情况下我们不会意识到这种争夺，只是略微意识到争夺的结果，而对过程一无所知。通常一对夫妇要在经历数年亲密的婚姻生活之后才会发现两个人中谁是支配者。“赢得比赛的并非总是速度快的人，打赢战争的并非总是力量强的人”。

在《米德尔马契》一书中，利德盖特集各种优良品质于一身，却从始至终处于浅薄、冷酷和自私的罗莎蒙德的控制之下。利德盖特并不缺乏操控力，性格也不错，但在争斗中他最终还是输给了他的那位心胸狭窄的夫人，在她激烈而顽固的操控力的猛攻下一败涂地。

他们的控制力争斗是一种形状较大并且较为温和的东西——例如人的手掌，与一种外形很小但十分坚硬的东西——例如一枚钢扣发生的冲突。手掌会将自己弄得伤痕累累，而纽扣依然毫发无损。

如果你将这位医生所说的“操控力”一词替换为“气场”，就会发现他的观点与本书的观点简直不谋而合。

如何在气场对决中获胜

如果你认真学习了前面的章节，你将在理论和实践中都获得足够有关气场修习的方法和技巧，从而让自己在一场“气场对决”中获胜，这将归功于你我二人的共同努力。但是请记住，你的灵活性和技巧性越高，你的气场就越发强大。牢记那些优秀拳击手或击剑运动员使用的策略，努力在虚拟对决中训练自我保护、佯攻、突袭、猛冲以及无比强大的攻击。在现实生活中故意让自己陷入一些冲突之中并不会对你构成多大损害，因为这不过是为将来更重要的时刻做准备。维持自己的控制力，试图让自己在一些无关痛痒的小问题上变得强势起来，尤其是在遭到别人反对的时候。你在这些实践中得到的技巧、训练和自信将在未来必要的时候助你一臂之力。

除了在与他人交往中使用积极的气场所需的常规和特殊方法之外，我现在要告诉你下面这些特殊的“投射”技巧，这些技巧可以用于一些特殊场合，尤其是“气场对决”。你会发现这些技巧对你十分有用，因为你的对手往往并不了解你具有的独特气场的秘密，也对如何使用气场力量一无所知。认真学习下述内容，因为这些知识很有价值，是我多年来的经验和实践的结晶。

首先是我们之前提到过的这句话：“我的气场比你强，你无法抵抗这种气场。”

“我的气场正在破坏你的防御，你正在变得更加衰弱。”

“我比你更加积极，你很消极，你已经开始溃败，并向我投降。”

“你开始害怕我，害怕，害怕，害怕我。”

“你要撤退，撤退，撤退，我正在迫使你撤退。”

“我正在分解你的力量，驱散你的能量，我正在用自己的力量将你的气场击成碎片。”

“我正站在力量的磐石之上，你正站在沙子上，力量正在离你而去。”

要仔细阅读这些句子，对着镜中的自己重复这些话，用眼神传递意思，然后你将能够在必要的场合将这些命令以轻松、有力和有效的方式传递到他人身上。如果可以领悟这些语句背后的规律，你便无须受到词句的约束。你可以用自己的话，使用那些你真正想对别人说的语言。你需要做的只是将感受和意思投射到他的头脑中。

在后文有关“气场防御”的内容中，你会学到关于防御性投射以及“自卫”的内容，这些技巧主要用于在气场对决中对付更具攻击性的一方。我将建议你通过抵消对手的气场来将其击败，随后努力使用你自身的精神武器来攻击对手。下面这句话便是一种强大的精神武器，经常会产生非常厉害的效果：

“我正在对你注入强大的气场。你无法抵御这种气场，它将征服你，让你接受我的控制。我的气场比你强大得多，我也比你更清楚如何能更好地利用它。我正在征服你，我正在让你接受我的控制，我正在稳定和全面地支配你。我将命令你按照我的意愿来做事，你必须这样做，现在就这样做。投降，现在投降，马上向我投降！你必须这样做，你也一定会这样做。我正在消除你的抵抗，你正在自我放弃，现在投降，马上投降！”

第 19 章

有形气场

在我结束对气场的阐述之前，我想再谈一谈“有形气场”这个话题。“有形”指的是“与身体有关”，“有形的气场”是指通过诸如手和嘴唇等身体上的接触来传递个人气场。

可能你会觉得没有必要再介绍“有形气场”这个概念，因为我曾提到，身体气场或神经力与个人气场有关，但是，我所指的“有形气场”与单纯的身体气场或神经力不同。这个概念涉及的范围更广，指的是通过两个人的神经系统，将身体与精神气场相结合并传递到他人身上。我相信你对此已经有所了解，那么下面我们就细细说来。

我们可以在许多方面找到“有形气场”出现的证据。两个人之间的握手经常可以传递最强烈的气场，两只手的接触往往体现出最强烈的情感波动。众所周知，接吻和触碰脸颊也经常被视为情感波动最明显的表现形式，身体上的接触往往是性吸引以及其他一些吸引力的最危险的表现形式。

简单的握手也能对对方施加影响

说完这个部分，现在我们来谈谈如何在日常的握手中运用有形气场。这个话题对你来说十分重要。

气场强大的人或是那些曾经学习过这门课程的人经常运用这种方法，即在两人首次接触时通过展现个人气场来影响他人。这些人的握手强而有力，我们都有过类似的经历吧，同时，我们也都曾经握过另一些人的冷冰冰的、又黏又湿的手吧？

你可能还注意到，许多人的目标便是在各个方面对你施加影响，例如政治家、牧师、推销员和商家。他们都有一个习惯，那就是在谈话中将手搭在你的肩膀上，或是在与你交谈时用他们的手轻轻地

触碰你的手臂。某些时候，在他们催促你“在这里签名，达成交易”的时候，他们还会最终拍一下你的背。你是否意识到这便是一种有形气场，并且往往非常有效？未来你要当心这些家伙，并用我在下一章中介绍的规则抵消他们的气场。你若想亲自运用上述这些技巧也未尝不可，你可以自己决定要怎样做。

根据本书前面介绍的规则，在与任何你希望对其施加影响的人握手时，你应该在这个动作中尽可能地展现最强大的气场——不论是身体气场还是精神气场。在握手的瞬间向对方投射你的直接指令，通过手掌和指尖的神经来传递指令（练习自己同自己握手有利于帮助你掌握这个技巧）。就好像你正在与另一个人对视一样，你可以通过眼神来传递相同的信息。

当你遇到熟人时，握手是件再自然不过的事，这将带给你一个绝好的机会来初步将你强大的气场以及强势的指令投射给对方。如果你举止得当，你将让对方处于一种非常适合接受你下一步指令的精神状态中，并更加乐意屈服于你的气场。这种“预先防卫”是在为你随后与敌人进行的激烈搏斗做准备，正确使用这一技巧，便可一举赢得战斗。

握手时要永远替别人着想，不要过于粗鲁，也不要握得太紧，因为没人愿意让人紧紧地攥住他的手，甚至被弄疼。在做这个动作时，也要当心你的握手动作过于散漫，要让这个动作体现你的感情，富有生机并充满活力。握手时就好像对方对你十分重要，握住他的手，然后好像不太情愿似的松开他的手。不妨寻找一些经常与各种人见面的气场强大的人，例如一些成功人士，然后与他握手。注意他在握手时是否展现出他对你的兴趣和感受，然后牢记他的这种方法。一个气场强大的牧师在教堂门口处与信徒见面时，也常常会这样握手。好好向他们学习，掌握动作的精髓。

在与一个你希望对其施加影响的人握手时，你应该在动作中投射直接指令。如果你想让一位男性或是女性对你有好感，你可以投射诸如“你喜欢我”这样的直接指令。

如果你希望维护自己的强大地位，你应该立刻采用一个强有力的指令，例如“我比你强大”或是“我比你更加积极”或是我前面章节介绍过的其他一些类似的语言。

运用手势传递气场

我还要向你介绍有形气场中一个经常被忽视的现象，这便是两个人之间的距离是否足够“近”——即便两人并未有直接接触。出色的推销员和其他一些人往往能从他们的自身经验中学到这一法则，尽管他们也许并不理解背后的真正原因。他们知道，与坐得比较远相比，如果他们离顾客比较近，往往就能够获得更好的气场效果。“面对面”的谈话能够产生效果的原因就是由于两人的距离很近。同样，如果演讲者能通过手势拉近与听众之间的距离，往往便能将气场传递给他们，尽管他与听众并未有身体接触。

我们的手可以被视为传递有形气场的一种非常有效的工具，因为手指上的神经非常敏感，可以汇集巨大的力量来传递和展现气场。催眠师对手指的运用可以证明这一点。你可能还会注意到，大多数出色的演说家和演讲者很会通过手势吸引听众。优秀的律师或是推销员也经常运用手势。

请记住，我并没有说这些人能够意识到这些动作背后的原因，他们通常会忽视这一点，只是本能地使用手势，逐渐地养成了这种习惯，但是仍有一些人掌握了这种力量的秘密，并从此有意识地加以利用。相比那些不具备这些知识的人来说，他们具有更大的优势。请记住，世界上已经有成百上千个最为出色的成功人士掌握了这个秘密，他们在学习如何运用它，并积极地运用相关技巧。如果你也想变成这样的人，现在就可以加入他们的行列。

第 20 章

气场防御

如何避免受到对方影响

如今，你已经知道了多种彰显、塑造和使用气场的方法，不仅包括理论，也包括实践。你不仅学会了相关技巧，也知道如何有效地运用它们。在本书的尾章，我会告诉你一些关于气场防御的知识。

在拳击或击剑比赛中，你只有在进行攻击的同时还知道如何防守，才算是完全掌握了这门技能。也就是说，你不仅要知道进攻的艺术，也要知道防守的技巧。因此，在个人气场问题上，你不仅必须知道如何塑造气场，也要知道如何保护自己免受对方气场的影响。

的确，能够认真学习这门课程的学生将逐渐练就一种让自己罕逢敌手的力量。然而，人们总是难免与一些气场非常强大的人打交道，因此，我希望你们知道如何才能摆脱这些人气场对你的影响。

气场防御术

气场防御术比你最初想象的要容易得多，尽管在有效运用防御技巧之前，你必须先学会如何有效地塑造气场。我可以用一句话来概括气场防御术，请牢记：在你保护自己，免受对方任何形式的气场影响的时候，你需要向对方显示出你强烈否认他对你施加的影响和控制。下面我们来看一些具体细节。

在这里，我需要提醒你注意一个非常重要的事实，那就是这种否认并不真正意味着要摧毁或削弱对方的力量，你只需要抵消他的气场——只要这种气场对你或是你希望保护的人构成了影响。换句话说，你不需要破坏他的武器，你只需要避开武器，让它们无法伤害到你。再比方说，你可以把自己当作一个绝缘体，让自己丝毫不会受到电流的影响。记住这个比喻，你就会知道气场防御术是什么。

你可以让自己不受到对方的直接指令对你构成的任何影响——不论这些指令多么强大，你也不会被对方的精神气场所传染。按照这些要求，经过适当的努力，你就可以让自己完全避免对方气场的影响。如果你喜欢的话，还可以将某些人的气场隔绝在你的领域之外，而允许其他人的有益气场进入你的领域。事实上，在如何应对气场的问题上，你才是自己的主人。

你可以使用那些在前几章中已经学到的技巧，只是需要改变你的态度或指令，例如，你不需要投射比对方更强大的指令去影响他，而是应该镇定地否认他对你施加的力量，并否认他对你构成了任何影响。事实上，这种防御性的精神态度比气场的任何进攻形式都要更加轻松。你只需要打开你的气场防御盾牌，对方的力量便无法触及你，即便他非常努力地彰显这种气场。当然，我们也可以通过塑造进攻性的气场来回击对手的攻击性气场——这便是气场对决的最简单形式，但如果你仅仅是想抵御对方的进攻，你只需使用我刚刚介绍给你的防御性方法。

你可以制造几个语气强烈的积极词语，并将这些词语投射到对方的身上，从而执行气场防御术。在头脑中简单地构想几个用于否认对方力量的语气强烈的句子。你会发现在试验中，“我否认”一词具有强大的防御性力量。正是这种表达方式背后隐藏的精神力量消除了另一个人的气场，这就是功能强大的防御盾牌。牢牢地记住“否认”一词，你可以发现，在进行气场防御时使用的这个词语具有一种新的意义和力量。

在阐述新的内容之前，我希望你可以再次翻阅前面的章节，关注我在前面提出的，在塑造积极气场、进行直接闪投、下达直接指令时使用的大量表达方式。然后，在你的头脑中，否认所有这些表达方式（想象现在你的对手正在使用这些表达方式），你会发现你具有否认这些表达方式的本能。稍加练习，想象另外一个人正在向你投射这些要求或是对你投射指令，而你则对他使用否认盾牌。你会感到很惊讶也很高兴，因为你可以非常轻易地抗拒这些攻击——

不论这些攻击有多么猛烈。你现在就可以开始训练自己。想象自己正在与你所知的气场最强大的人对峙，然后你会发现，抵御他的力量是件多么容易的事，你还会发现，当他们在场的时候，你可以变得从容和自在。

这里有两件事需要注意，我已经提醒过你这两件事，但还是打算再重复一下，让你能够将它们牢牢记在脑海里。

首先，我之前曾经说过，防御性气场仅仅是让你摆脱对方的进攻性气场，不受对方的任何影响，而不是去支配对方，让他们按照你的命令行事。若是要达到后面这种要求，你就要摧毁对方的防护，并且同时进行自我保护，然后通过直接塑造进攻性的气场来取胜。

如果对方只通过进攻性的气场来对付你，那么你可以像上面这样予以回击，但如果对方使用的技巧是否认你的气场，那么就意味着他不会受到你对他施加的任何影响，就好像在你否认他的力量的时候，你也处于免疫状态。

如果双方都彼此否认对方的力量，那么这场对决就没有赢家。否认并不是一种进攻性武器，它只是一个防御盾牌，请牢记这一点！当然，如果你同时使用盾牌和剑，你将具有双重优势，前提是对方没有使用盾牌。因为如果你可以拒绝他的气场，并同时投射你的气场，那么他就会受到你的支配，但如果他知道如何使用盾牌，那么在这场对决中，就不会有人能取得决定性的胜利。你是否已经明白了这一点？再好好想一想，直到你可以融会贯通。

其次，我之前也曾经说过，在实施防御性技巧的时候，你不能通过使用否认盾牌来真正摧毁或是削弱对方的气场，他的气场依然强大，与你是否使用盾牌无关。唯一的区别是，使用否认盾牌可以让他的武器不能伤害到你或是那些你希望保护的人，因此可以让你和你的伙伴抵御对方施加的任何影响。

对于一个正在彰显气场但对这种气场力量的本质一无所知的人（事实上，绝大多数气场强大的人都对此一无所知），在你排斥他的气场的时候，你会惊喜地看到他会变得多么“懊恼”。他会因自己未能影响你而感到困惑，有时候会很尴尬，在某些情况下，他会陷入对自身的怀疑之中，甚至经常会因为自身力量的顿失而陷入迷惘，以至于最终丧失自信，并失去进攻的能力。

在这种情况下，他变成了一个极易受到他人气场影响的人，这将会导致他迅速撤退。当然，如果他掌握了这门课程，他将不会如此轻易地撤销防卫，而是只会微微一笑，卸去你的进攻。

最后的话

亲爱的读者，我们的课程在这里就要结束了。我很高兴能够带给你这些知识，相信你一定能够充分进行自我训练，最终成为一名出色的气场大师。你的成就和业绩就是我的荣誉。我已经教给你如何塑造进攻性和防御性的气场，你也知道如何运用这两种气场来获得最好的效果。现在，轮到你依据我提出的规则和原理来好好利用这些武器了。

最后，我希望再次提醒你记住两个重要的规则，它们是：

（1）练习，练习，再练习，直到你完全掌握这门课程的每个细节，让这些技巧成为你的习惯，这样你就可以像走路、呼吸或是说话一样本能地运用它们。

（2）保守秘密，不要对别人暗示你的气场秘诀，从而破坏你的影响力。我有充足的理由劝你遵守这个规定，一些理由也许不方便明说，不过请记住这则古老的意大利谚语："Il bocca chiusa, non c'entra mosca."（译：嘴合拢，蝇难入）好好理解这句话的真谛。

再见，气场强大的朋友们，我们后会有期。